新编项目式培训教材

中文版

Premiere Pro 2024

基础培训教程

全彩版

数字艺术教育研究室 编著

人民邮电出版社

北京

图书在版编目（CIP）数据

中文版 Premiere Pro 2024 基础培训教程：全彩版 /
数字艺术教育研究室编著. -- 北京：人民邮电出版社，
2025. -- ISBN 978-7-115-66198-2

I. TP317.53

中国国家版本馆 CIP 数据核字第 2025GL4006 号

内 容 提 要

本书全面系统地介绍了 Premiere Pro 2024 的基本操作方法及影视编辑技巧，内容包括初识 Premiere Pro，影视剪辑，视频过渡效果，应用视频效果，调色、叠加与键控，创建与编辑字幕，音频与音频效果，输出文件，以及商业案例实训。本书既突出基础知识的学习，又重视实践性应用。

本书内容以"任务实践"为主线，让读者可以通过对各任务的实际操作快速上手，熟悉软件功能和影视后期编辑思路。书中的"任务知识"让读者能够深入学习软件功能；"项目实践"和"课后习题"让读者能够拓展实际应用能力，提高软件使用技巧；"商业案例实训"让读者能够快速地掌握影视后期制作的设计理念和设计元素，顺利达到实战水平。

随书附赠学习资源，包括案例的素材、效果文件，在线教学视频，以及基础素材包及扩展资料。另外，专为教师提供教学资料，包括教学大纲、教学教案、PPT 课件及教学题库等。

本书适合作为院校和培训机构艺术专业课程的教材，也可作为 Premiere Pro 2024 自学人员的参考书。

- ◆ 编　　著　数字艺术教育研究室
　　责任编辑　张丹丹
　　责任印制　陈　犇
- ◆ 人民邮电出版社出版发行　　北京市丰台区成寿寺路 11 号
　　邮编　100164　　电子邮件　315@ptpress.com.cn
　　网址　https://www.ptpress.com.cn
　　雅迪云印（天津）科技有限公司印刷
- ◆ 开本：787×1092　1/16
　　印张：13.5　　　　　　　　　　2025 年 5 月第 1 版
　　字数：327 千字　　　　　　　　2025 年 5 月天津第 1 次印刷

定价：69.80 元

读者服务热线：(010)81055410　印装质量热线：(010)81055316
反盗版热线：(010)81055315

前　言

软件简介

　　Premiere Pro是由Adobe公司开发的一款强大的非线性视频编辑软件，深受影视制作爱好者和影视后期编辑人员的喜爱。Premiere Pro拥有强大的视频剪辑功能，使用它可以对视频进行采集、剪切、组合、拼接等操作，完成剪辑、效果添加、调色、叠加、键控等。Premiere Pro被广泛用于节目包装、节目片头、宣传片、广告、电子相册和音乐MV等领域。

如何使用本书

01　精选基础知识，快速上手 Premiere Pro

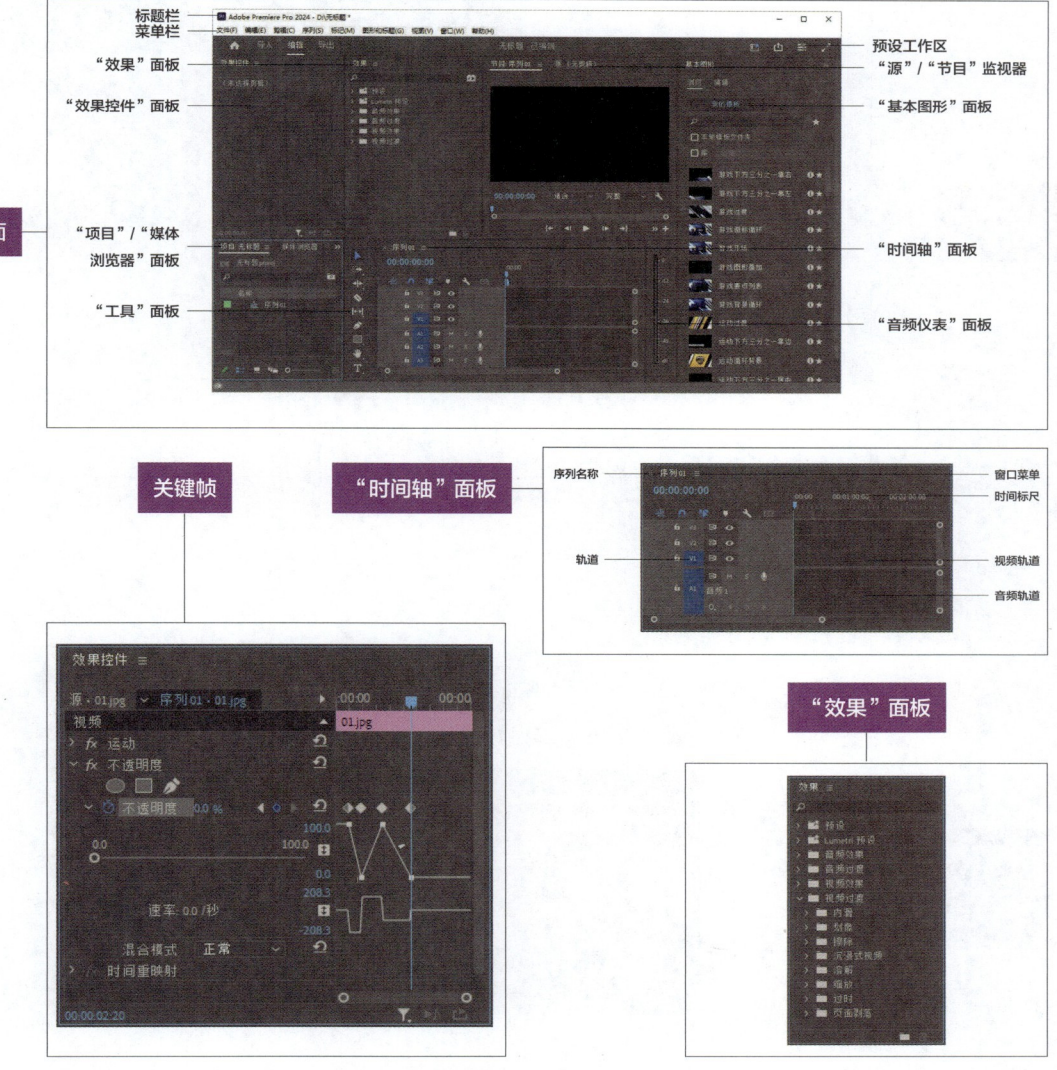

任务2.1 掌握使用监视器剪辑素材

剪辑 + 过渡 + 效果 + 调色 + 叠加 + 键控 + 字幕 + 音频 八大软件功能

本任务主要是让读者通过任务实践学习使用监视器剪辑素材，通过了解任务知识掌握在监视器中播放素材、在监视器中剪辑素材、导出单帧图像和场设置等多种基本操作。

任务实践 剪辑壶口瀑布宣传片视频

任务目标 学习导入视频文件，在监视器中剪辑素材。

了解任务目标和要点

任务要点 使用"导入"命令导入视频文件，使用出点在"源"监视器中剪辑视频，使用剪辑点拖曳剪辑素材，使用"效果控件"面板调整素材位置。最终效果参看学习资源中的"项目2\剪辑壶口瀑布宣传片视频\剪辑壶口瀑布宣传片视频.prproj"，如图2-1所示。

精选典型商业案例

图2-1

任务制作

操作步骤详解

01 启动Premiere Pro 2024，选择"文件 > 新建 > 项目"命令，进入"导入"界面，如图2-2所示，单击"创建"按钮，新建项目。选择"文件 > 新建 > 序列"命令，弹出"新建序列"对话框，切换到"设置"选项卡，选项设置如图2-3所示，单击"确定"按钮，新建序列。

任务知识

2.1.1 认识监视器

完成任务实践后深入学习任务知识

Premiere Pro 2024中有两个监视器，即"源"监视器与"节目"监视器，分别用来显示素材及素材在编辑时的状况，如图2-15和图2-16所示。

图2-15 　　　　　　　　　图2-16

更多商业案例

项目实践 **添加剪纸短片的转场**

(项目要点) 使用"导入"命令导入素材文件，使用"速度/持续时间"命令调整素材的播放速度和持续时间，使用"交叉溶解"效果和"白场过渡"效果制作视频之间的过渡，使用"效果控件"面板调整过渡效果。最终效果参看学习资源中的"项目3\添加剪纸短片的转场\添加剪纸短片的转场.prproj"，如图3-83所示。

图3-83

扩展案例实训

课后习题 **添加中秋纪念电子相册的转场**

(习题要点) 使用"导入"命令导入素材，使用"内滑"效果、"Split"效果、"翻页"效果和"交叉缩放"效果制作素材之间的过渡效果，使用"效果控件"面板调整过渡效果。最终效果参看学习资源中的"项目3\添加中秋纪念电子相册的转场\添加中秋纪念电子相册的转场.prproj"，如图3-84所示。

图3-84

节目片头

节目包装

广告

宣传片

教学指导

本书的参考学时为60学时，其中实训环节为32学时，各项目的参考学时请参见下表。

项目	课程内容	学时分配	
		讲授	实训
项目1	初识 Premiere Pro	2	0
项目2	影视剪辑	4	4
项目3	视频过渡效果	4	4
项目4	应用视频效果	4	4
项目5	调色、叠加与键控	4	4
项目6	创建与编辑字幕	4	4
项目7	音频与音频效果	2	4
项目8	输出文件	2	4
项目9	商业案例实训	2	4
学时总计		28	32

配套资源

● 学习资源

案例素材文件　　最终效果文件　　在线教学视频　　素材包　　扩展资料

● 教师资源

课程标准　　授课计划　　教学教案　　PPT 课件

教学案例　　实训项目　　教学视频　　教学题库

教辅资源表

素材类型	数量	素材类型	数量
教学大纲	1 套	任务实践	22 个
教学教案	9 个	项目实践	10 个
PPT 课件	9 个	课后习题	10 个

这些学习资源文件均可在线获取，扫描"资源获取"二维码，关注我们的微信公众号，即可得到资源文件获取方式，并且可以通过该方式获得"在线视频"的观看地址。

提示：微信扫描二维码关注公众号后，输入第51页左下角的5位数字，可以获得资源获取帮助。

由于作者水平有限，书中难免存在不足之处，敬请广大读者批评指正。

资源获取

目 录

项目3 视频过渡效果

项目4 应用视频效果

项目5 调色、叠加与键控

项目6 创建与编辑字幕

项目7 音频与音频效果

项目 1

初识Premiere Pro

本项目对Premiere Pro 2024进行概述并详细讲解基本操作。读者通过对项目的学习，可以快速了解并掌握Premiere Pro 2024的入门知识，为后续项目的学习打下坚实的基础。

学习目标

- 熟悉软件操作界面。
- 掌握软件基本操作。

技能目标

- 掌握项目文件的基本操作。
- 掌握素材的导入及管理方法。

素养目标

- 培养在Premiere Pro学习中不断提升兴趣的能力。
- 培养获取Premiere Pro新知识的能力。
- 培养树立文化自信、职业自信的能力。

任务1.1 熟悉软件操作界面

　　本任务主要是让读者通过任务实践认识Premiere Pro 2024的操作界面，通过了解任务知识熟悉常用的"项目"面板、"时间轴"面板、监视器和其他功能面板及菜单命令的使用方法。

任务实践 熟悉不同面板的使用

任务目标　熟悉软件操作界面，了解面板和工具的使用方法。

任务要点　使用"打开项目"命令打开项目文件，使用"时间轴"面板编辑素材，使用"效果"面板中的"菱形划像"效果制作素材之间的过渡，使用"节目"监视器的"播放-停止切换"按钮预览效果。最终效果参看本书学习资源中的"项目1\茶文化宣传片\茶文化宣传片.prproj"，如图1-1所示。

图1-1

任务制作

01 启动Premiere Pro 2024，选择"文件 > 打开项目"命令，弹出"打开项目"对话框，选择本书学习资源中的"项目1\茶文化宣传片\茶文化宣传片.prproj"文件，如图1-2所示。

02 单击"打开"按钮，打开文件，打开后的界面如图1-3所示。在"时间轴"面板中，将播放指示器移动至00:00:06:18的位置，如图1-4所示。

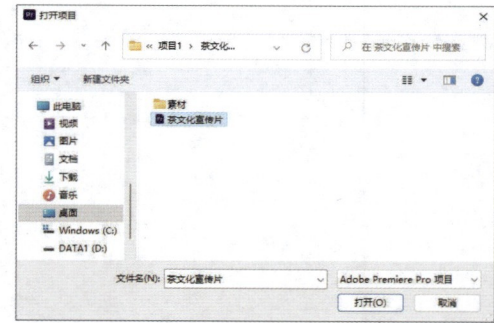

图1-2

图1-3

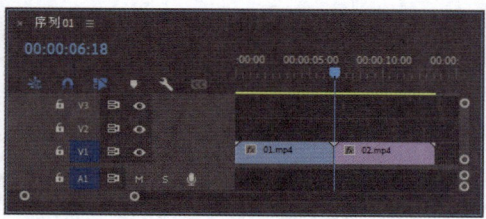

图1-4

03 在"效果"面板中，展开"视频过渡"分类选项，单击"划像"文件夹左侧的▶按钮将其展开，选中"菱形划像"效果，如图1-5所示。将"菱形划像"效果拖曳到"时间轴"面板中"01"文件和"02"文件的中间位置，如图1-6所示。

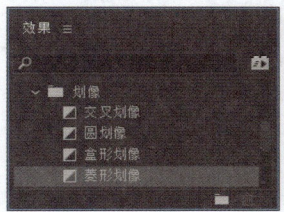

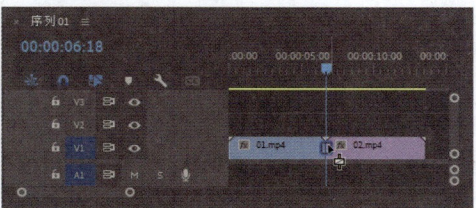

图1-5   图1-6

04 弹出"过渡"提示对话框，如图1-7所示，单击"确定"按钮，此时的"时间轴"面板如图1-8所示。在"节目"监视器中单击"播放-停止切换"按钮▶预览效果，如图1-9和图1-10所示。

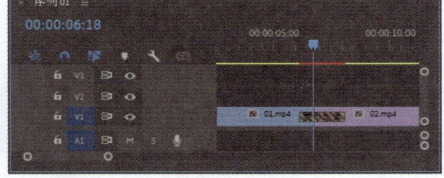

图1-7   图1-8

图1-9   图1-10

任务知识

1.1.1 认识用户操作界面

　　Premiere Pro 2024用户操作界面如图1-11所示。从图中可以看出，Premiere Pro 2024的用户操作界面由标题栏、菜单栏、"效果控件"面板、"时间轴"面板、"工具"面板、预设工作区、"效果"面板、"源"/"节目"监视器、"音频仪表"面板、"基本图形"面板、"项目"/"媒体浏览器"面板等组成。

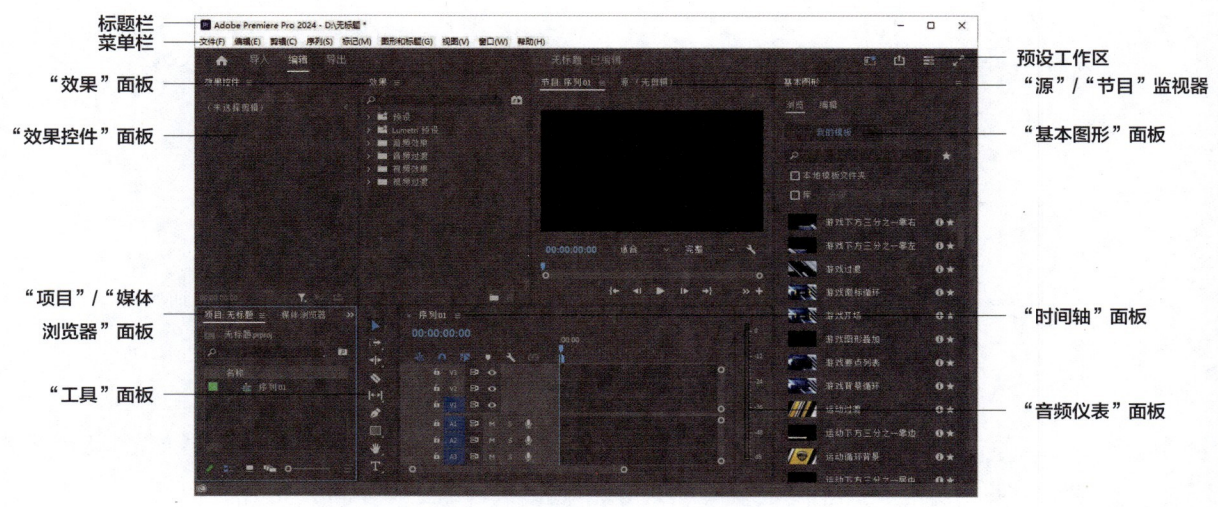

图1-11

1.1.2 熟悉"项目"面板

"项目"面板主要用于导入、组织和存放供"时间轴"面板编辑合成的原始素材，如图1-12所示。按Ctrl+Page Up快捷键，可切换到列表状态，如图1-13所示。单击"项目"面板上方的 ≡ 按钮，在弹出的菜单中可以设置面板及相关功能的显示方式，如图1-14所示。

图1-12

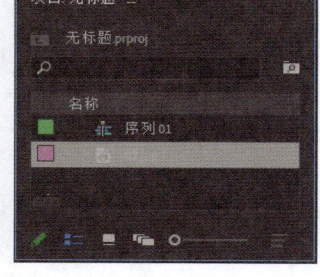

图1-13

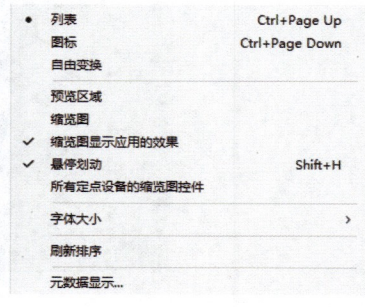

图1-14

在图标显示状态下，将鼠标指针置于视频图标上，左右移动，可以查看不同时间点的视频内容。

在列表显示状态下，可以查看素材的基本属性，包括素材的名称、媒体格式、视/音频信息和数据量等。

"项目"面板下方的工具栏中共有10个功能按钮和1个滑动条，从左至右分别为"项目可写"按钮 ✎/"项目只读"按钮 🔒、"列表视图"按钮 ☰、"图标视图"按钮 ▣、"自由变换视图"按钮 ▦、"调整图标和缩览图的大小"滑动条 ○━━━ 、"排序图标"按钮 ☰、"自动匹配序列"按钮 ▥、"查找"按钮 🔍、"新建素材箱"按钮 🗀、"新建项"按钮 🗔 和"清除"按钮 🗑。各按钮和滑动条的含义如下。

"项目可写"按钮 ✎/"项目只读"按钮 🔒：单击按钮，可以将项目文件设置为只读模式或可写模式。

"列表视图"按钮 ☰：单击此按钮，可以将"项目"面板中的素材以列表形式显示。

"图标视图"按钮 ▣：单击此按钮，可以将"项目"面板中的素材以图标形式显示。

"自由变换视图"按钮 ：单击此按钮，可以将"项目"面板中的素材以自由变换形式显示。

"调整图标和缩览图的大小"滑动条 ：拖曳滑块可以将"项目"面板中的素材图标和缩览图放大或缩小。

"排序图标"按钮 ：在图标显示状态下对项目素材以不同的方式排序。

"自动匹配序列"按钮 ：单击此按钮，可以将选中的素材按顺序自动排列到"时间轴"面板中。

"查找"按钮 ：单击此按钮，可以按提示快速找到目标素材。

"新建素材箱"按钮 ：单击此按钮，可以新建文件夹，以便管理素材。

"新建项"按钮 ：单击此按钮，可以在弹出的菜单中选择相关命令创建新的素材文件。

"清除"按钮 ：选中不需要的文件，单击此按钮，即可将其删除。

1.1.3　认识"时间轴"面板

"时间轴"面板是Premiere Pro 2024用户操作界面的核心区域，如图1-15所示。在编辑影片的过程中，大部分操作是在"时间轴"面板中完成的。通过"时间轴"面板，可以轻松地实现对素材的剪辑、插入、复制、粘贴和修整等操作。

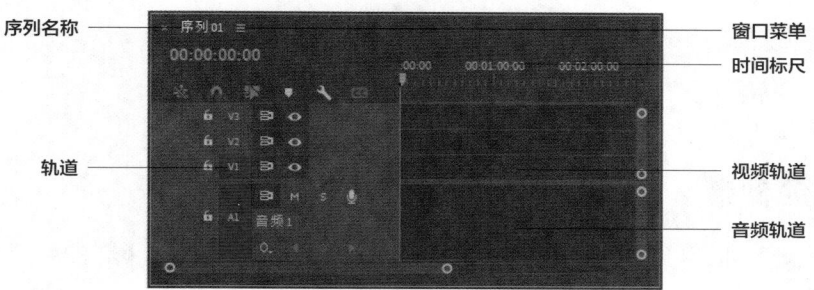

图1-15

"将序列作为嵌套或个别剪辑插入并覆盖"按钮 ：单击此按钮，可以将序列作为一个嵌套或个别剪辑文件插入"时间轴"面板并覆盖其他文件。

"在时间轴中对齐"按钮 ：单击此按钮，可以启动吸附功能，在"时间轴"面板中拖曳素材时，素材将自动贴合到邻近素材的边缘。

"链接选择项"按钮 ：单击此按钮，可以链接所有开放序列。

"添加标记"按钮 ：单击此按钮，可以在当前帧的位置设置标记。

"时间轴显示设置"按钮 ：可以设置"时间轴"面板的显示选项。

"字幕轨道选项"按钮 ：可以显示或隐藏字幕轨道。

"切换轨道锁定"按钮 ：单击该按钮，当按钮变成 状时，当前的轨道被锁定，处于不可编辑状态；当按钮变成 状时，可以编辑该轨道。

"切换同步锁定"按钮 ：默认为启用状态，当进行插入、波纹删除或波纹剪辑操作时，编辑点右侧的内容会发生移动。

"切换轨道输出"按钮：单击此按钮，可以设置是否在监视器中显示当前影片。

"静音轨道"按钮：激活该按钮，可以设置为静音状态，反之则播放声音。

"独奏轨道"按钮：激活该按钮，可以设置独奏轨道。

隐藏/显示轨道工具栏：双击右侧的空白区域，可以隐藏或显示视频轨道工具栏或音频轨道工具栏。

"显示关键帧"按钮：单击此按钮，可以选择显示当前关键帧的方式。

"转到下一关键帧"按钮：可以将播放指示器定位在被选素材轨道的下一个关键帧处。

"添加 – 移除关键帧"按钮：在播放指示器所处的位置或在轨道中被选素材的当前位置添加或移除关键帧。

"转到上一关键帧"按钮：可以将播放指示器定位在被选素材轨道的上一个关键帧处。

滑动条：放大或缩小轨道中素材的显示区域。

时间码：显示播放影片的进度。

序列名称：单击相应的标签可以在不同的节目间切换。

轨道：对轨道的显示、锁定等参数进行设置。

时间标尺：用于进行时间定位。

窗口菜单：对时间单位及剪辑参数进行设置。

视频轨道：可以编辑视频、图形、字幕和效果的轨道。

音频轨道：可以编辑录音、音效、音乐，还可以录制声音的轨道。

1.1.4 认识监视器

监视器分为"源"监视器和"节目"监视器，如图1-16和图1-17所示，所有已编辑或未编辑的影片片段都在此显示画面效果。

图1-16

图1-17

"添加标记"按钮：设置影片片段标记。

"标记入点"按钮：设置当前影片的起始点。

"标记出点"按钮：设置当前影片的结束点。

"转到入点"按钮 ▐◀：单击此按钮，可以将播放指示器移动至起始点位置。

"后退一帧"按钮 ◀▐：此按钮是对素材进行逐帧倒放的控制按钮，每单击一次该按钮，播放的画面就会后退1帧，按住Shift键的同时单击此按钮，每次后退5帧。

"播放−停止切换"按钮 ▶/■：控制监视器中的素材时单击此按钮，会从监视器中播放指示器的当前位置开始播放；在"节目"监视器中，在播放时按J键可以进行倒放。

"前进一帧"按钮 ▐▶：此按钮是对素材进行逐帧播放的控制按钮。每单击一次该按钮，播放的画面就会前进1帧，按住Shift键的同时单击此按钮，每次前进5帧。

"转到出点"按钮 ▶▏：单击此按钮，可以将播放指示器移动至结束点位置。

"插入"按钮 ⊞：单击此按钮，当插入一段影片时，重叠的片段将后移。

"覆盖"按钮 ⊟：单击此按钮，当插入一段影片时，重叠的片段将被覆盖。

"提升"按钮 ▥：用于将轨道上入点与出点之间的内容删除，删除之后留有空间。

"提取"按钮 ▦：用于将轨道上入点与出点之间的内容删除，删除之后不留空间，后面的素材会自动与前面的素材连接。

"导出帧"按钮 ◎：单击此按钮，可以导出一帧的影视画面。

"比较视图"按钮 ▣：单击此按钮，可以进入比较视图模式。

"切换代理"按钮 ▤：单击此按钮，可以在本机格式和代理格式之间进行切换。

分别单击"源"监视器和"节目"监视器右下方的"按钮编辑器"按钮 ➕，会弹出图1-18和图1-19所示的面板，其中包含一些已显示和未显示的按钮。

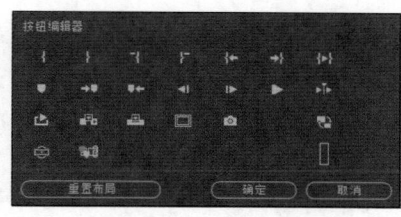
图1-18

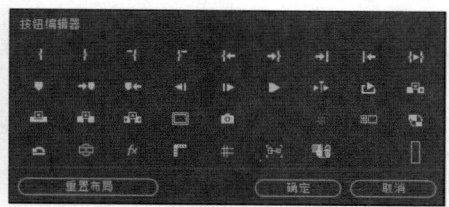
图1-19

"清除入点"按钮 ▐：清除设置的标记入点。

"清除出点"按钮 ▌：清除设置的标记出点。

"从入点到出点播放视频"按钮 ◀▶：单击此按钮，可以只播放入点到出点范围内的音/视频片段。

"转到下一标记"按钮 ▶▶：单击此按钮，可以快速切换到下一个标记点。

"转到上一标记"按钮 ◀◀：单击此按钮，可以快速切换到上一个标记点。

"播放邻近区域"按钮 ▶▶：单击此按钮，将播放播放指示器当前位置前后临近范围内的音/视频。

"循环播放"按钮 ▤：控制循环播放的按钮。单击此按钮，监视器会不断循环播放素材，直至单击"播放−停止切换"按钮。

"安全边距"按钮 ▢：单击该按钮，可以为影片设置安全边界线，以防影片画面太大而显示不完整；再次单击可隐藏安全边界线。

"切换VR视频显示"按钮 ⊕：单击此按钮，可以快速切换到VR视频显示模式。

"切换多机位视图"按钮 ▣▯：打开或关闭多机位视图。

"转到下一个编辑点"按钮 →｜：单击此按钮，可以转到同一轨道上当前编辑点的下一个编辑点。

"转到上一个编辑点"按钮 ｜←：单击此按钮，可以转到同一轨道上当前编辑点的上一个编辑点。

"多机位录制开/关"按钮 ●：可以控制多机位录制的开/关。

"还原裁剪会话"按钮 ▢：可以撤销对视频片段所做的裁剪操作。

"全局FX静音"按钮 fx：单击此按钮，可以打开或关闭所有视频效果。

"显示标尺"按钮 ▛：单击此按钮，可以显示或隐藏标尺。

"显示参考线"按钮 ┋：单击此按钮，可以显示或隐藏参考线。

"在节目监视器中对齐"按钮 ▣：单击此按钮，可以将图形贴靠在一起。

"绑定源与节目"按钮 ▚：单击此按钮，将绑定"源"监视器与"节目"监视器。

可以直接将"按钮编辑器"面板中需要的按钮拖曳到下面的显示框中，如图1-20所示；松开鼠标，按钮将被添加到监视器中，如图1-21所示。单击"确定"按钮，添加的按钮将显示在监视器中，如图1-22所示。可以用相同的方法添加多个按钮，如图1-23所示。

图1-20

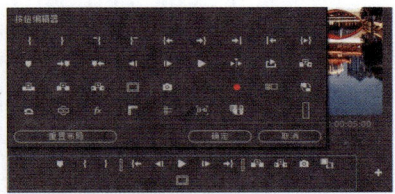
图1-21

图1-22

图1-23

若要恢复默认的布局，再次单击监视器右下方的"按钮编辑器"按钮 ➕，在弹出的面板中单击"重置布局"按钮，然后单击"确定"按钮即可。

1.1.5 其他功能面板概述

除了前面介绍的面板，Premiere Pro 2024还提供了其他一些方便编辑操作的功能面板，下面逐一进行简要介绍。

1. "效果"面板

"效果"面板存放着Premiere Pro 2024自带的各种音频效果、视频效果和预设的效果。这些效果按照功能分为六大类，包括预设、Lumetri预设、音频效果、音频过渡、视频效果和视频过渡，如图1-24所示，每个大类又包含同类型的几个不同效果。用户安装的第三方效果插件也将显示在该面板的相应类别中。

2. "效果控件"面板

"效果控件"面板主要用于控制对象的运动、不透明度、过渡及效果等，如图1-25所示。

3. "音轨混合器"面板

"音轨混合器"面板可以更加有效地调节项目的音频，实时混合各轨道的音频对象，如图1-26所示。

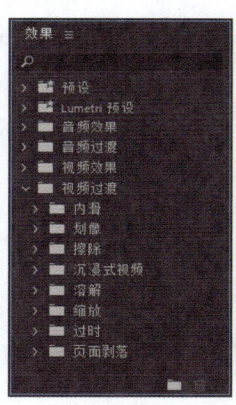
图1-24

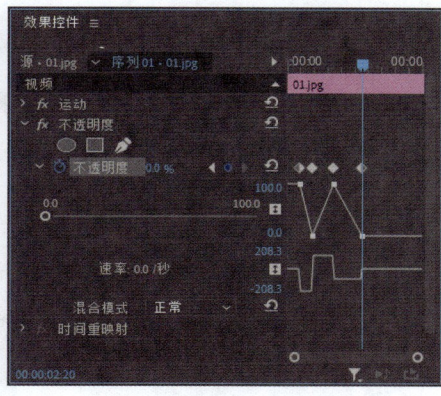
图1-25

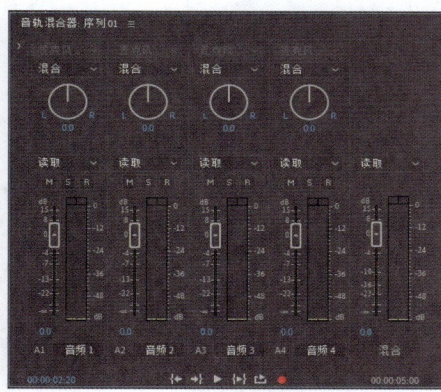
图1-26

4. "历史记录"面板

"历史记录"面板可以记录用户从建立项目以来进行的大部分操作。在执行了错误操作后，可以使用该面板中相应的命令撤销错误操作并返回错误操作之前的步骤，如图1-27所示。

5. "信息"面板

在Premiere Pro 2024中，"信息"面板作为一个独立面板显示，其主要功能是集中显示所选定素材对象的各项信息，如图1-28所示。不同的对象，其"信息"面板中的内容也不相同。

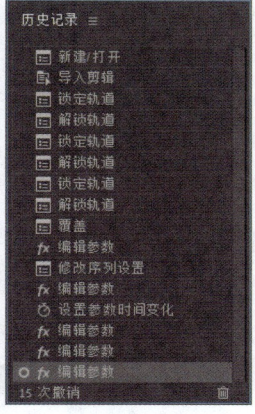

图1-27

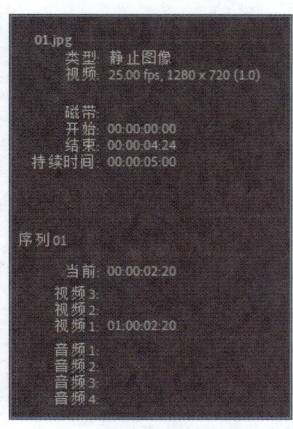
图1-28

在默认设置下，"信息"面板是空白的。如果在"时间轴"面板中导入一个素材并选中它，"信息"面板将显示选中素材的信息；如果有过渡，则显示过渡的信息。例如，选定一段视频素材，"信息"面板将显示该素材的类型、持续时间、帧速率、开始、结束及当前播放指示器的位置等；如果是静止图像，"信息"面板将显示素材的类型、大小、持续时间、帧速率、开始、结束及当前播放指示器的位置等。

6. "工具"面板

　　"工具"面板包含多种工具，主要用来对"时间轴"面板中的音频、视频等内容进行编辑，如图1-29所示。

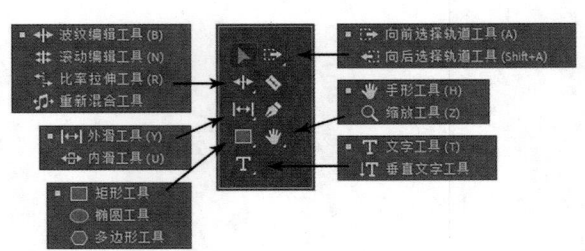

图1-29

1.1.6 菜单命令介绍

　　"文件"菜单中的命令主要用于新建、打开、关闭、保存、导入、导出项目文件，以及进行项目设置、项目管理等。

　　"编辑"菜单中的命令主要用于复制、粘贴、剪切、撤销和清除等操作。

　　"剪辑"菜单中的命令主要用于进行插入、覆盖、替换素材，自动匹配序列，编组、链接视/音频等剪辑影片的操作。

　　"序列"菜单中的命令主要用于在"时间轴"面板中对项目片段进行编辑、管理，以及设置轨道属性等。

　　"标记"菜单中的命令主要用于对"时间轴"面板中的素材标记和监视器中的素材标记进行编辑处理。

　　"图形和标题"菜单中的命令主要用于新建、选择文本与图形，并排布图层内容等。

　　"视图"菜单中的命令主要用于设置监视器的回放分辨率、暂停分辨率、高品质回放和显示模式等。

　　"窗口"菜单中的命令主要用于管理工作区域的各个面板，包括工作区的设置，以及对"历史记录"面板、"工具"面板、"效果"面板、"源"监视器、"效果控件"面板、"节目"监视器和"项目"面板等的管理。

　　"帮助"菜单中的命令主要用于帮助用户解决遇到的问题。

任务1.2　掌握软件基本操作

　　本任务主要是让读者通过任务实践熟悉Premiere Pro 2024的基本操作，通过了解任务知识掌握管理项目文件（如新建项目文件和打开项目文件等）和编辑素材（如导入素材、解释素材和修改素材名称等）的方法和技巧。这些基本操作对后期制作至关重要。

任务实践 **掌握项目文件的操作**

任务目标 通过学习基本操作，掌握项目文件管理和素材编辑的方法。

任务要点 使用"新建"命令新建项目文件，使用"导入"命令导入素材文件，使用"时间轴"面板添加素材，使用"剃刀"工具切割素材，使用"选择"工具选择素材，使用"保存"命令保存项目文件，使用"关闭项目"命令关闭项目文件。最终效果参看本书学习资源中的"项目1\春雨时节宣传片\春雨时节宣传片.prproj"，如图1-30所示。

图1-30

任务制作

01 启动Premiere Pro 2024，选择"文件 > 新建 > 项目"命令，进入"导入"界面，如图1-31所示，单击"创建"按钮，新建项目。选择"文件 > 新建 > 序列"命令，弹出"新建序列"对话框，切换至"设置"选项卡，选项设置如图1-32所示，单击"确定"按钮，新建序列。

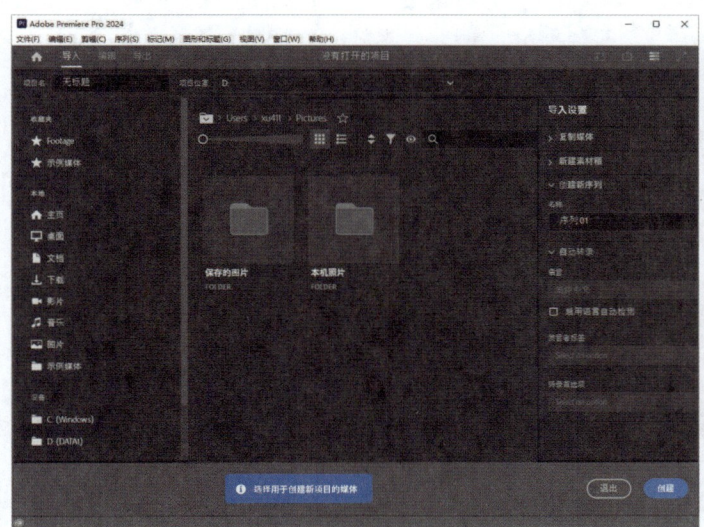

图1-31

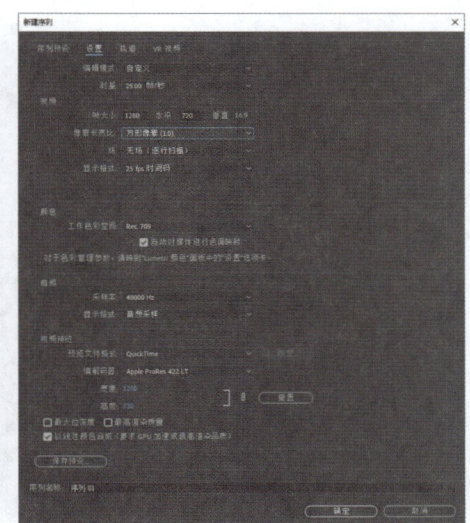

图1-32

02 选择"文件 > 导入"命令，弹出"导入"对话框，选择本书学习资源中的"项目1\春雨时节宣传片\素材\01"文件，如图1-33所示，单击"打开"按钮，将文件导入"项目"面板中，如图1-34所示。

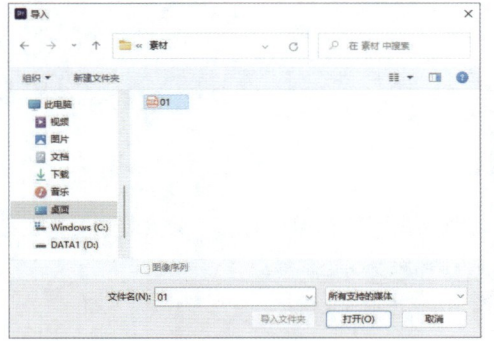

图1-33

图1-34

03 在"项目"面板中，选中"01"文件并将其拖曳到"时间轴"面板中的"V1"轨道中，此时会弹出"剪辑不匹配警告"对话框，如图1-35所示，单击"保持现有设置"按钮，在保持现有序列设置的情况下将"01"文件放置在"V1"轨道中，如图1-36所示。

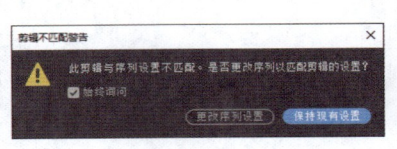
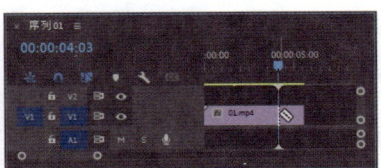

图1-35　　　　　　　　　　　　　　　图1-36

04 将播放指示器移动至00:00:04:03的位置，如图1-37所示。选择"剃刀"工具，在播放指示器所在的位置上单击，如图1-38所示，将"01"文件切割为两段素材。

图1-37　　　　　　　　　　　　　　　图1-38

05 选择"选择"工具，选择第2段素材，如图1-39所示。按Delete键，将其删除，如图1-40所示。在"节目"监视器中单击"播放-停止切换"按钮预览效果，如图1-41所示。

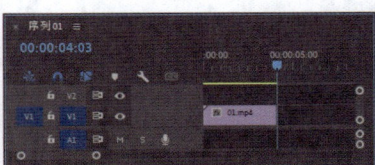

图1-39　　　　　　　　图1-40　　　　　　　　图1-41

06 选择"文件 > 保存"命令，保存项目文件。选择"文件 > 关闭项目"命令，关闭项目文件。单击用户操作界面右上角的 ✕ 按钮，退出程序。

任务知识

1.2.1 项目文件操作

在使用Premiere Pro 2024进行影视制作时，必须创建新的项目文件或打开已存在的项目文件，这是Premiere Pro 2024最基本的操作之一。

1. 新建项目文件

01 选择"开始 > 所有程序 > Adobe Premiere Pro 2024"命令，或双击桌面上的Adobe Premiere Pro 2024快捷图标，打开软件。

02 选择"文件 > 新建 > 项目"命令，或按Ctrl+Alt+N快捷键，进入"导入"界面，如图1-42所示。在"项目名"文本框中可以设置项目名称。单击"项目位置"选项右侧的✔按钮，在展开的下拉列表中选择"选择位置"选项，然后在弹出的对话框中可以选择项目文件的保存路径。单击"创建"按钮，即可创建一个新的项目文件。

03 选择"文件 > 新建 > 序列"命令，或按Ctrl+N快捷键，会弹出"新建序列"对话框，如图1-43所示。在"序列预设"选项卡中可以选择项目文件格式，如选择"DV-PAL"制式下的"标准48kHz"，右侧的"预设描述"区域将列出相应的项目信息。在"设置"选项卡中可以设置编辑模式、时基、视频帧大小、像素长宽比和音频采样率等信息。在"轨道"选项卡中可以设置视/音频轨道的相关信息。在"VR视频"选项卡中可以设置VR属性。单击"确定"按钮，即可创建一个新的序列。

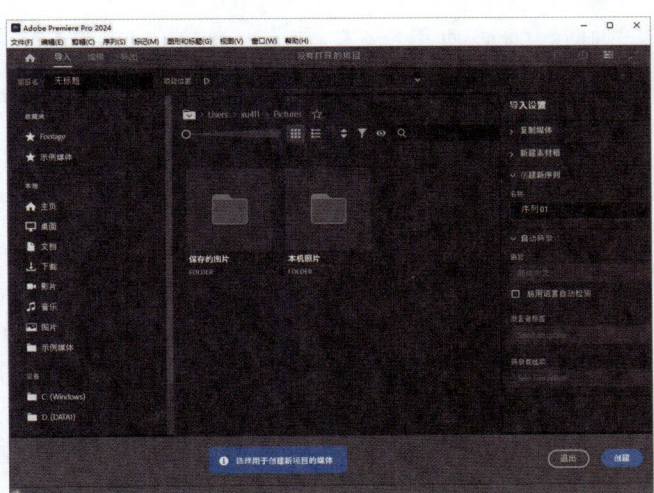
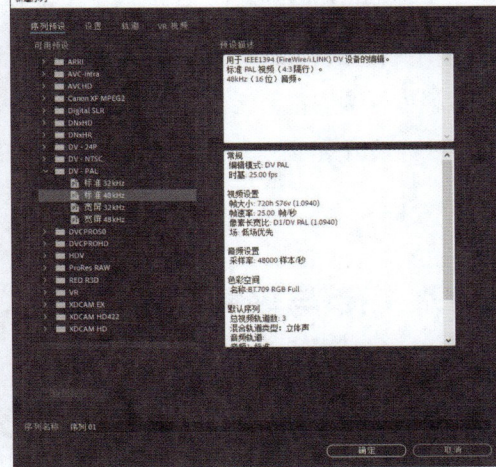

图1-42   图1-43

2. 打开项目文件

选择"文件 > 打开项目"命令，或按Ctrl+O快捷键，在弹出的对话框中可以选择需要打开的项目文件，如图1-44所示。单击"打开"按钮，即可打开已选择的项目文件。

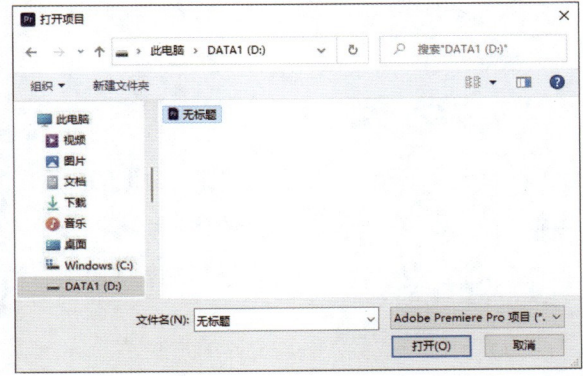

图1-44

选择"文件 > 打开最近使用的内容"命令，在子菜单中选择需要打开的项目文件，如图1-45所示，即可打开所选的项目文件。

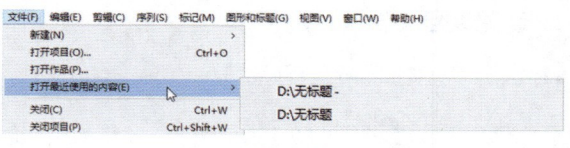

图1-45

3. 保存项目文件

刚启动Premiere Pro 2024时，系统会提示用户先保存一个设置好参数的项目，对于编辑过的项目，选择"文件 > 保存"命令或按Ctrl+S快捷键即可直接保存。另外，系统还会每隔一段时间对项目进行保存。

选择"文件 > 另存为"命令，或按Ctrl+Shift+S快捷键，可以以其他名称或在其他位置保存项目。选择"文件 > 保存副本"命令，或按Ctrl+Alt+S快捷键，在弹出的对话框中进行设置后，单击"保存"按钮，可以保存项目文件的副本。

4. 关闭项目文件

选择"文件 > 关闭项目"命令，即可关闭当前项目文件。如果对当前文件做了修改却尚未保存，则系统会弹出图1-46所示的提示对话框，询问是否保存对该项目文件所做的修改。单击"是"按钮，保存项目文件；单击"否"按钮，将不保存文件并直接退出项目文件。

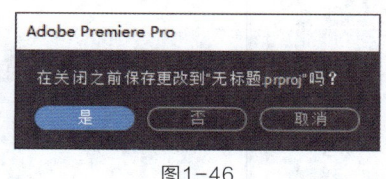

图1-46

1.2.2 撤销与恢复操作

通常情况下，一个完整的项目需要经过反复的调整、修改与比较才能完成，因此，Premiere Pro 2024为用户提供了"撤销"与"重做"命令。

在编辑视频或音频时，如果用户上一步操作是错误的，或对操作后得到的效果不满意，那么可以选择"编辑 > 撤销"命令，撤销该操作。如果连续选择此命令，则可连续撤销前面的多步操作。

如果要取消撤销操作，则可以选择"编辑 > 重做"命令。例如，删除一个素材后，通过"撤销"命令来撤销该操作，如果想将这些素材片段删除，则只需选择"编辑 > 重做"命令。

1.2.3 导入素材

Premiere Pro 2024支持大部分主流的视频、音频及图像文件格式。一般的导入方式为选择"文件 > 导入"命令，在"导入"对话框中选择所需的文件格式和文件，再单击"打开"按钮，如图1-47所示。

1. 导入图层文件

以素材的方式导入图层文件的方法如下。

选择"文件 > 导入"命令，在"导入"对话框中选择含有图层的文件格式，选择需要导入的文件，单击"打开"按钮，会弹出图1-48所示的提示对话框。

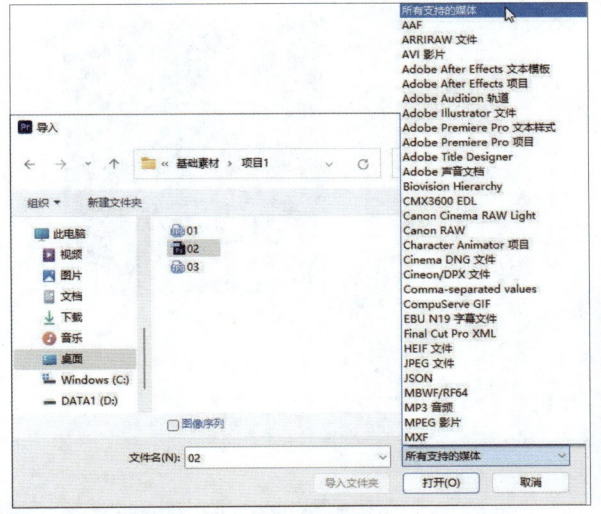

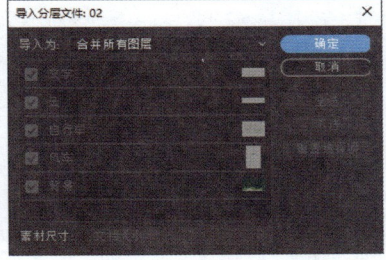

图1-47　　　　　　　　　　　　　　　　　　　图1-48

在"导入分层文件"对话框中可以设置PSD文件的导入方式，此处可选择"合并所有图层""合并的图层""各个图层"和"序列"选项。

选择"序列"选项，如图1-49所示。单击"确定"按钮，在"项目"面板中会自动生成一个文件夹，其中包括序列文件和图层素材，如图1-50所示。

以序列的方式导入图层文件后，系统会按照图层的排列方式自动产生一个序列，用户可以打开该序列设置动画并进行编辑。

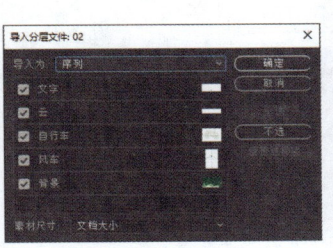

图1-49　　　　　　　　　　　图1-50

2. 导入序列文件

序列文件是一种非常重要的源素材。它由若干幅按序排列的图片组成，每幅图片代表1帧。通常，可以在3ds Max、After Effects、Combustion软件中生成序列文件，然后导入Premiere Pro 2024中使用。

序列文件采用数字序号进行排列。当导入序列文件时，应在"首选项"对话框中设置图片的帧速率，也可以在导入序列文件后，在选择"修改>解释素材"命令后弹出的"修改剪辑"对话框中修改帧速率。

导入序列文件的方法如下。

01 在"项目"面板的空白区域双击，弹出"导入"对话框，找到序列文件所在的位置，勾选"图像序列"复选框，如图1-51所示。

02 单击"打开"按钮，导入序列文件。序列文件导入后"项目"面板如图1-52所示。

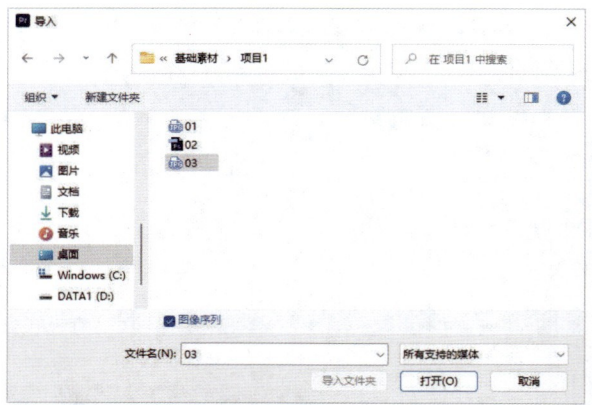

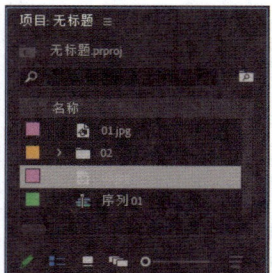

图1-51　　　　　　　　　　　　　　图1-52

1.2.4　解释素材

　　对于项目的素材文件，可以通过"解释素材"命令来修改其属性。在"项目"面板中的素材上单击鼠标右键，在弹出的菜单中选择"修改 > 解释素材"命令，弹出"修改剪辑"对话框，如图1-53所示。"帧速率"选项可以设置影片的帧速率，"像素长宽比"选项可以设置使用文件中的像素长宽比，"场序"选项可以设置使用文件中的场序，"Alpha通道"选项可以对素材的透明通道进行设置。

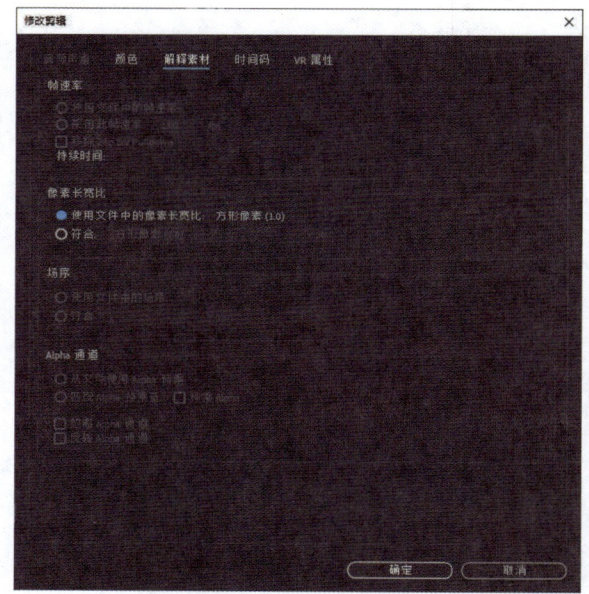

图1-53

1.2.5　改变素材名称

　　在"项目"面板中的素材上单击鼠标右键，在弹出的菜单中选择"重命名"命令，素材名称会处于可编辑状态，输入新名称即可，如图1-54所示。

　　剪辑人员可以给素材重命名，以改变素材原来的名称，这在一部影片中重复使用一个素材或复制了一个素材并为之设定新的入点和出点时极其有用。给素材重命名可以避免在"项目"面板和序列中观看复制的素材时产生混淆。

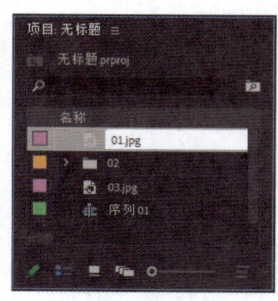

图1-54

1.2.6 利用素材库组织素材

可以在"项目"面板中建立一个素材箱（即素材文件夹）来管理素材。使用素材箱可以将节目中的素材分门别类、有条不紊地组织起来，这在制作包含大量素材的复杂节目时特别有用。

单击"项目"面板下方的"新建素材箱"按钮■，会自动创建一个文件夹，如图1-55所示，单击左侧的▼按钮可以返回上一级素材列表。

图1-55

1.2.7 查找素材

可以根据素材的名字、属性或附属的说明和标签在Premiere Pro 2024的"项目"面板中搜索素材，如可以查找文件格式（如AVI和MP3格式等）相同的所有素材。

单击"项目"面板下方的"查找"按钮🔍，或单击鼠标右键，在弹出的菜单中选择"查找"命令，会弹出"查找"对话框，如图1-56所示。

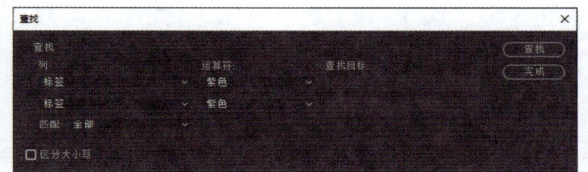

图1-56

在"查找"对话框中设置查找属性，可按照素材的名称、媒体类型和标签等属性进行查找。在"匹配"下拉列表中，可以选择要查找的关键词是全部匹配还是任意匹配。若勾选"区分大小写"复选框，则必须将关键词的大小写输入正确。

在"查找"对话框右侧的文本框中输入查找素材的属性关键词。例如，要查找图片文件，可选择查找的属性为"名称"，在文本框中输入"JPEG"或其他图片文件格式，然后单击"查找"按钮，系统会自动找到"项目"面板中对应格式的图片文件。如果"项目"面板中有多个图片文件，可再次单击"查找"按钮，查找下一个图片文件。单击"完成"按钮，可退出"查找"对话框。

提示 除了查找"项目"面板中的素材，用户还可以使序列中的影片自动定位，找到其在"项目"面板中的源素材。在"时间轴"面板的素材上单击鼠标右键，在弹出的菜单中选择"在项目中显示"命令，如图1-57所示，即可找到"项目"面板中相应的素材，如图1-58所示。

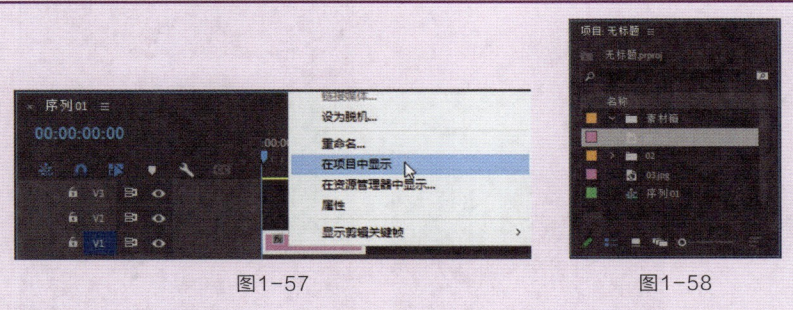

图1-57   图1-58

1.2.8 离线素材

当打开一个项目文件时，系统若提示找不到源素材，如图1-59所示，可能是源文件被改名或存储位置发生了变化。可以单击"查找"按钮，直接在磁盘上查找源素材，也可以单击"脱机"按钮，建立离线文件来代替源素材。

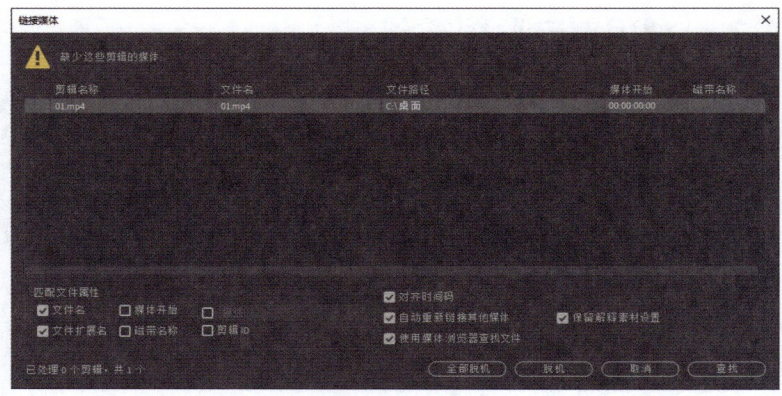

图1-59

在Premiere Pro 2024中，若磁盘上的源文件被删除或移动，在项目中就会发生无法找到其磁盘源文件的情况。此时，可以建立一个离线文件。离线文件具有和其所替换的源文件相同的属性，可以对其进行与普通素材完全相同的操作。当找到所需文件后，可以用该文件替换离线文件，以进行正常编辑。离线文件实际上起到一个占位符的作用，它可以暂时占据丢失文件所处的位置。

在"项目"面板中单击"新建项"按钮，在弹出的菜单中选择"脱机文件"命令，弹出"新建脱机文件"对话框，如图1-60所示。设置相关的参数后，单击"确定"按钮，弹出"脱机文件"对话框，如图1-61所示。

在"包含"下拉列表中可以选择建立含有影像和声音的离线素材，或者仅含有其中一项的离线素材。在"音频格式"下拉列表中可以设置音频的声道。在"磁带名称"文本框中可以输入磁带卷标。在"文件名"文本框中可以指定离线素材的名称。在"描述"文本框中可以输入一些备注信息。在"场景"文本框中可以输入注释离线素材与源文件场景的关联信息。在"拍摄/获取"文本框中可以输入拍摄信息。在"记录注释"文本框中可以记录离线素材的日志信息。在"时间码"选项区域中可以指定离线素材的时间。

如果以实际素材替换离线素材，则可以在"项目"面板的离线素材上单击鼠标右键，在弹出的菜单中选择"链接媒体"命令，再在弹出的对话框中指定文件并进行替换。"项目"面板中离线素材的显示效果如图1-62所示。

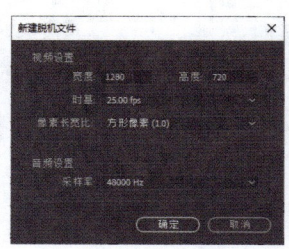

图1-60

图1-61

图1-62

项目 2

影视剪辑

本项目对Premiere Pro 2024中剪辑影片的基本技术和操作进行详细的讲解，其中包括使用监视器和"时间轴"面板剪辑素材的方法，以及创建新元素的技巧等。通过对本项目的学习，读者可以掌握常用剪辑技术的使用方法和应用技巧。

学习目标

- 掌握使用监视器剪辑素材的方法。
- 掌握使用"时间轴"面板编辑素材的技巧。
- 掌握新元素的创建方法。

技能目标

- 掌握"壶口瀑布宣传片视频"的剪辑方法。
- 掌握"芒种节气宣传片视频"的剪辑方法。
- 掌握"长城宣传片画面颜色"的调整方法。

素养目标

- 培养正确剪辑素材的能力。
- 培养正确使用新元素的能力。
- 培养具有独到见解的创造性思维能力。

任务2.1 掌握使用监视器剪辑素材

本任务主要是让读者通过任务实践学习使用监视器剪辑素材，通过了解任务知识掌握在监视器中播放素材、在监视器中剪辑素材、导出单帧图像和场设置等多种基本操作。

任务实践 剪辑壶口瀑布宣传片视频

任务目标 学习导入视频文件，在监视器中剪辑素材。

任务要点 使用"导入"命令导入视频文件，使用出点在"源"监视器中剪辑视频，使用剪辑点拖曳剪辑素材，使用"效果控件"面板调整素材位置。最终效果参看学习资源中的"项目2\剪辑壶口瀑布宣传片视频\剪辑壶口瀑布宣传片视频.prproj"，如图2-1所示。

图2-1

任务制作

01 启动Premiere Pro 2024，选择"文件 > 新建 > 项目"命令，进入"导入"界面，如图2-2所示，单击"创建"按钮，新建项目。选择"文件 > 新建 > 序列"命令，弹出"新建序列"对话框，切换到"设置"选项卡，选项设置如图2-3所示，单击"确定"按钮，新建序列。

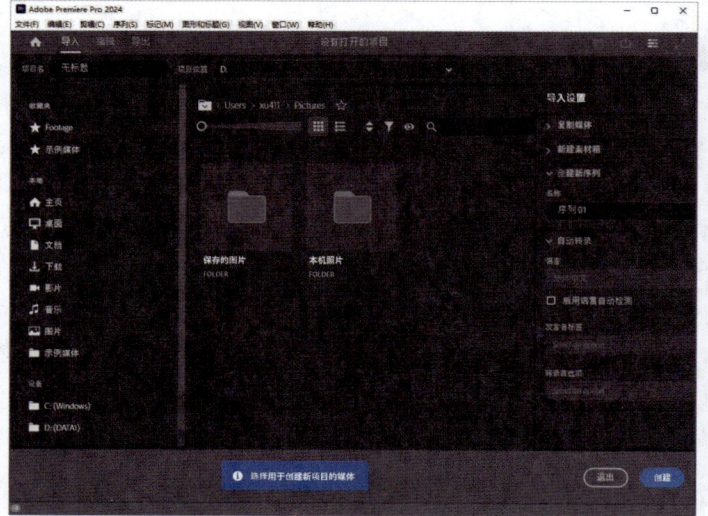

图2-2

图2-3

02 选择"文件 > 导入"命令，弹出"导入"对话框，选择本书学习资源中的"项目2\剪辑壶口瀑布宣传片视频\素材"目录下的"01"～"03"文件，如图2-4所示，单击"打开"按钮，将文件导入"项目"面板中，如图2-5所示。

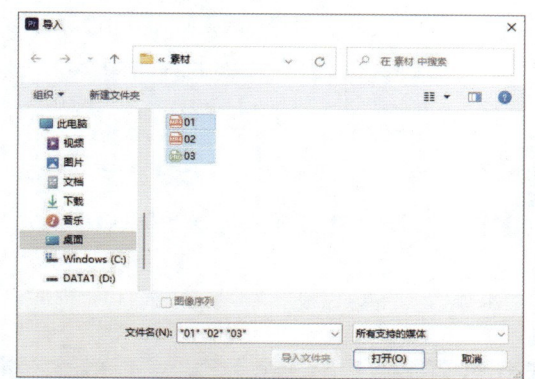

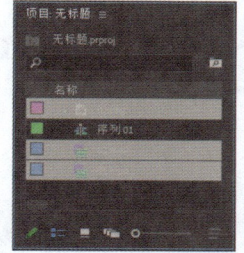

图2-4　　　　　　　　　　　　　　图2-5

03 双击"项目"面板中的"01"文件，在"源"监视器中打开"01"文件，如图2-6所示。将播放指示器移动至00:00:05:00的位置；按O键，创建标记出点，如图2-7所示。

图2-6　　　　　　　　　　　　　　　　図2-7

04 选中"源"监视器中的"01"文件并将其拖曳到"时间轴"面板中，弹出"剪辑不匹配警告"对话框，单击"保持现有设置"按钮，在保持现有序列设置的情况下将"01"文件放置在"V1"轨道中，如图2-8所示。选中"项目"面板中的"02"文件并将其拖曳到"时间轴"面板中的"V1"轨道中，如图2-9所示。

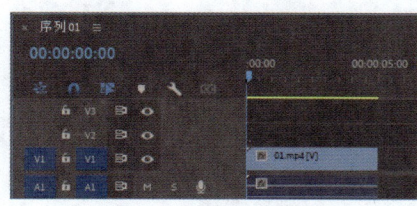 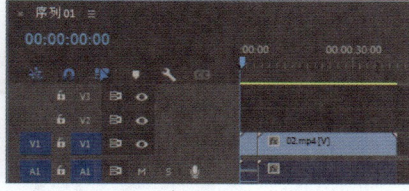

图2-8　　　　　　　　　　　　　　　図2-9

05 将播放指示器移动至00:00:07:15的位置，如图2-10所示。将鼠标指针放在"02"文件的结束位置，当鼠标指针呈◄状时，向左拖曳鼠标指针到00:00:07:15的位置上，如图2-11所示。

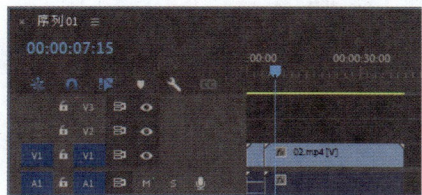 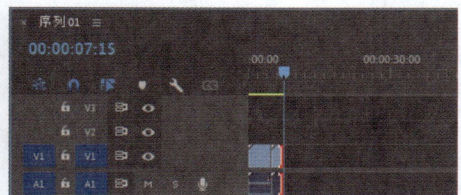

图2-10　　　　　　　　　　　　　図2-11

06 选中"项目"面板中的"03"文件并将其拖曳到"时间轴"面板中的"V2"轨道中，如图2-12所示。将鼠标指针放在"03"文件的结束位置，当鼠标指针呈◄状时，单击并向右拖曳鼠标指针到与"02"文件的结束位置齐平，如图2-13所示。

07 选择"时间轴"面板中的"03"文件。切换到"效果控件"面板，展开"运动"选项，将"位置"选项设置为1138和650，如图2-14所示。壶口瀑布宣传片视频剪辑完成。

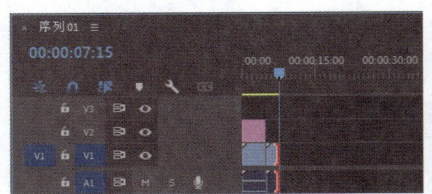
图2-12

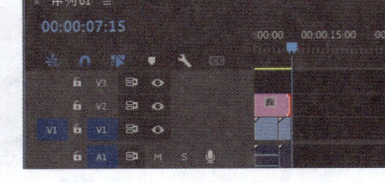
图2-13

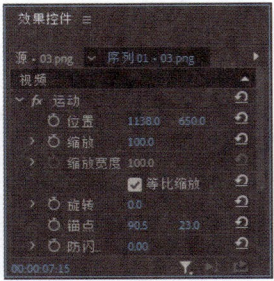
图2-14

任务知识

2.1.1 认识监视器

Premiere Pro 2024中有两个监视器，即"源"监视器与"节目"监视器，分别用来显示素材及素材在编辑时的状况，如图2-15和图2-16所示。

图2-15

图2-16

1. 安全区域

用户可以在监视器中设置安全显示区域，这对输出为电视机播放的影片非常有用。

电视机在播放视频图像时，屏幕的边缘会切除部分图像，这种现象叫作溢出扫描。不同的电视机溢出的扫描量不同，所以要把图像的重要部分放在"安全区域"内。在制作影片时，需要将重要的场景元素、演员、图表放在"运动安全区域"内；将标题、字幕放在"标题安全区域"内。在图2-17中，外侧的方框为"运动安全区域"，内侧的方框为"标题安全区域"。

单击监视器下方的"安全边距"按钮▣，可以显示或隐藏监视器中的安全区域。

图2-17

2. 控制按钮

使用监视器下方的工具栏可以对素材进行编辑操作和播放控制，方便编辑和查看剪辑效果，如图2-18所示。

图2-18

3. 时间标签

在不同的时间编码模式下，时间数字的显示方式会有所不同。如果是"无掉帧"模式，各时间单位之间用冒号分隔；如果选择"掉帧"模式，各时间单位之间用分号分隔；如果选择"帧"模式，时间为帧数。

将鼠标指针移动到时间显示区域并单击，可以从键盘上直接输入数值，以改变显示的时间，影片会自动跳到输入的时间位置。

如果输入的时间数值之间无间隔符号，如"1234"，则Premiere Pro 2024会自动将其识别为帧数，并根据所选用的时间编码将其换算为相应的时间。

监视器右侧的持续时间计数器显示影片入点与出点间的长度，即影片的持续时间。

4. 比例显示

缩放列表在"源"监视器或"节目"监视器的下方，可用于改变监视器中影片的显示比例，如图2-19所示。可以通过放大或缩小影片进行观察，选择"适合"选项，则无论窗口大小如何，影片都会自动调整以匹配视窗，从而完全显示影片内容。

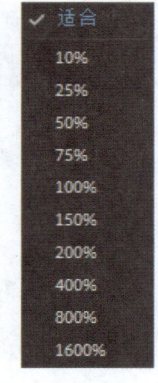

图2-19

2.1.2 在监视器中剪辑素材

剪辑时，可以通过增加或删除帧来改变素材的长度。素材开始帧的位置被称为入点，素材结束帧的位置被称为出点。

1. 为素材的视频和音频同时设置入点和出点

为素材的视频和音频同时设置入点和出点的操作步骤如下。

01 在"项目"面板中双击要设置入点和出点的素材，将其在"源"监视器中打开。

02 在"源"监视器中拖曳播放指示器或按空格键，找到所需片段的开始位置。

03 单击"源"监视器下方的"标记入点"按钮【】或按I键，"源"监视器中会显示当前素材入点的画面，监视器下方会显示入点标记，如图2-20所示。

04 继续播放影片，找到所需片段的结束位置。单击"源"监视器下方的"标记出点"按钮【】或按O键，监视器下方显示当前素材的出点标记。入点与出点间的素材片段显示为浅色，如图2-21所示。

图2-20　　　　　　　　　　　　　　　　　　图2-21

05 单击"转到入点"按钮【】，可以自动跳到影片的入点位置；单击"转到出点"按钮【】，可以自动跳到影片的出点位置。

2. 为音频设置入点和出点

对声音同步的要求非常严格时，用户可以为音频素材设置高精度的入点和出点。音频素材的入点和出点可以使用高达1/600s的精度来调节。对于音频素材，入点和出点的播放指示器会出现在波形图中的相应位置，如图2-22所示。

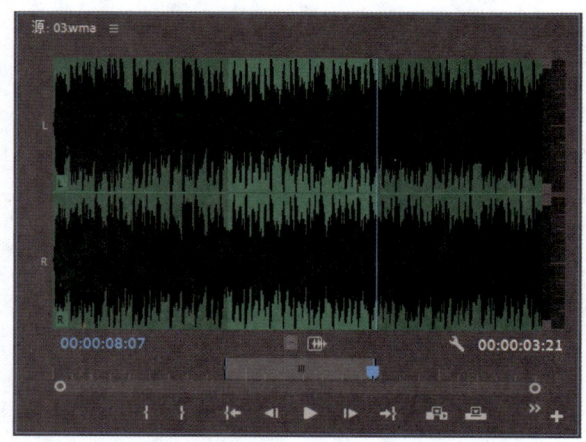

图2-22

3. 为素材的视频和音频分别设置入点和出点

为素材的视频和音频分别设置入点和出点的操作步骤如下。

01 在"源"监视器中打开要设置入点和出点的素材。

02 在"源"监视器中拖曳播放指示器或按空格键，找到所需片段的
开始或结束位置。选择"标记 > 标记拆分"命令，弹出的子菜单如图
2-23所示。

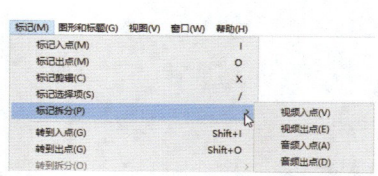

图2-23

03 在弹出的子菜单中分别选择"视频入点"和"视频出点"命令，设置视频部分的入点和出点，如图
2-24所示。继续播放影片，找到所需音频片段的开始或结束位置。分别选择"音频入点"和"音频出
点"命令，设置音频部分的入点和出点，如图2-25所示。

图2-24   图2-25

2.1.3 导出单帧

单击"节目"监视器下方的"导出帧"按钮 📷，会弹出"导出
帧"对话框，在"名称"文本框中输入文件的名称，在"格式"下拉
列表中选择文件格式，"路径"选项用于设置文件的保存路径，如图
2-26所示。设置完成后，单击"确定"按钮，即可导出当前时间位
置的单帧图像。

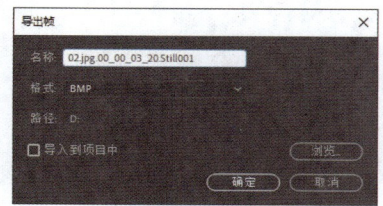

图2-26

2.1.4 场设置

在使用视频素材时，会遇到交错视频场的问题。它会严重影响最后的合成质量。视频格式、采集和回
放设备不同，场的优先顺序也不同。如果场顺序反转，视频画面就会发生卡顿或闪烁。在视频编辑中，改
变片段的播放速度、输出胶片带、反向播放片段或冻结视频帧时，都有可能遇到场处理问题，所以，正确
的场设置在视频编辑中是非常重要的。

在选择场顺序后，应该播放影片，观察影片是否能够平滑地进行播放，如果画面出现了跳动的现象，
则说明场的顺序是错误的。

对于采集或上传的视频素材，一般情况下都要进行场分离设置。另外，如果要将计算机中制作完成
的影片输出到使用电视监视器播放的领域，在输出前也要对场进行设置，输出到电视机的影片都是具有场
的。用户也可以为没有场的影片添加场，如为使用三维动画软件输出的影片添加场（用户可以在渲染设置
中进行设置）。

一般情况下，在新建项目的时候就要指定正确的场顺序，这里的顺序一般要根据影片的输出设备来设置。在"新建序列"对话框中选择"设置"选项卡，在"视频"选项区域的"场"下拉列表中指定编辑影片所使用的场方式，如图2-27所示。

如果在编辑过程中得到的素材的场顺序有所不同，则必须使其统一，并使其符合编辑输出的场设置。调整方法是：在"时间轴"面板中的素材上单击鼠标右键，在弹出的快捷菜单中选择"场选项"命令，在弹出的"场选项"对话框中进行设置，如图2-28所示。

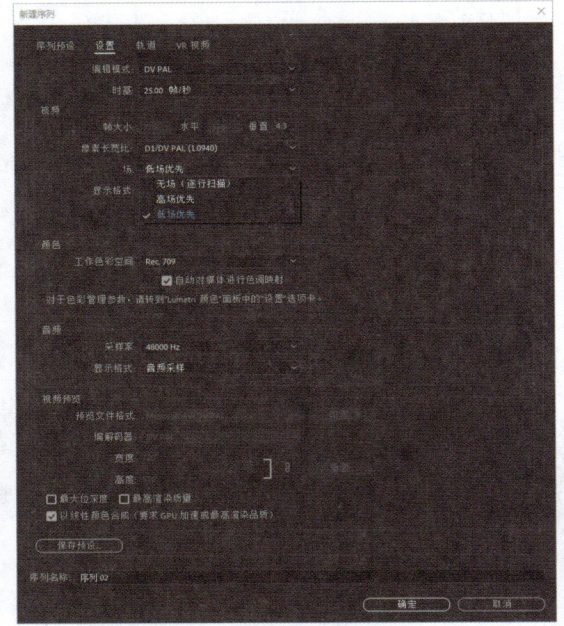

图2-27

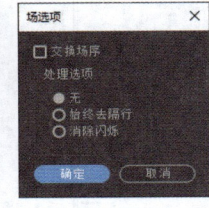

图2-28

交换场序： 如果素材的场顺序与视频采集卡的场顺序相反，则勾选此复选框。

无： 不应用任何处理选项。

始终去隔行： 将非交错场转换为交错场。

消除闪烁： 该选项用于消除细小的水平细节出现的闪烁。在播放字幕时，一般都要选中该单选按钮。

任务2.2 掌握使用"时间轴"面板编辑素材

本任务主要是让读者通过任务实践学习使用"时间轴"面板编辑素材的方法，通过了解任务知识掌握使用"时间轴"面板剪辑素材、改变素材的速度/持续时间、创建帧定格、编辑标记点、粘贴素材及属性、切割素材、插入和覆盖素材、提升和提取素材等的具体方法。

任务实践 **剪辑芒种节气宣传片视频**

任务目标 学习使用"时间轴"面板编辑素材文件。

任务要点 使用"导入"命令导入视频文件，使用"剃刀"工具切割素材文件，使用"波纹删除"命令删除视频文件，使用"速度/持续时间"命令调整视频播放速度。最终效果参看学习资源中的"项目2\剪辑芒种节气宣传片视频\剪辑芒种节气宣传片视频.prproj"，如图2-29所示。

图2-29

任务制作

01 启动Premiere Pro 2024，选择"文件 > 新建 > 项目"命令，进入"导入"界面，如图2-30所示，单击"创建"按钮，新建项目。选择"文件 > 新建 > 序列"命令，弹出"新建序列"对话框，切换到"设置"选项卡，选项设置如图2-31所示，单击"确定"按钮，新建序列。

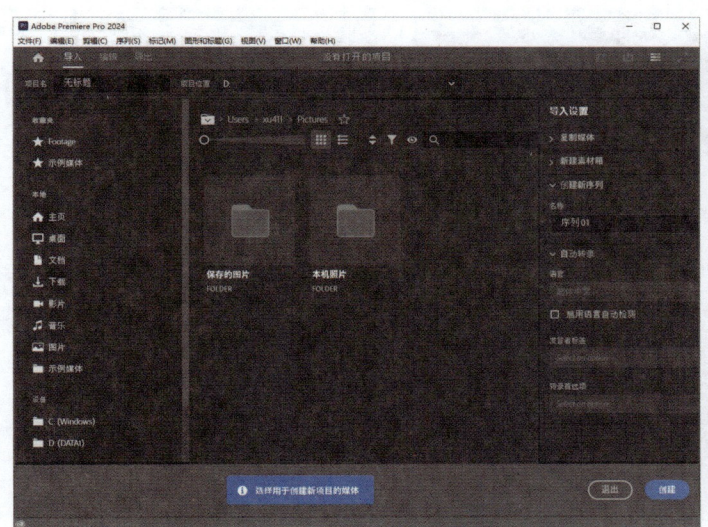

图2-30

图2-31

02 选择"文件 > 导入"命令，弹出"导入"对话框，选择本书学习资源中的"项目2\剪辑芒种节气宣传片视频\素材"文件夹中的"01"和"02"文件，如图2-32所示，单击"打开"按钮，将文件导入"项目"面板中，如图2-33所示。

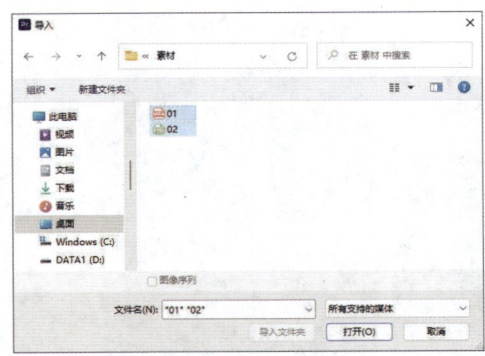
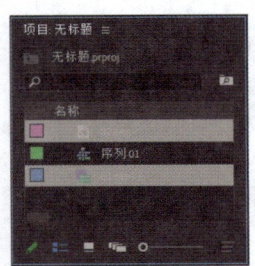

图2-32   图2-33

03 在"项目"面板中，选中"01"文件并将其拖曳到"时间轴"面板中的"V1"轨道中，弹出"剪辑不匹配警告"对话框，单击"保持现有设置"按钮，在保持现有序列设置的情况下将文件放置在"V1"轨道中，如图2-34所示。

04 将播放指示器移动至00:00:05:00的位置，选择"剃刀"工具◆，在播放指示器所在位置单击切割文件，如图2-35所示。将播放指示器移动至00:00:12:10的位置，在播放指示器所在位置单击切割文件，如图2-36所示。

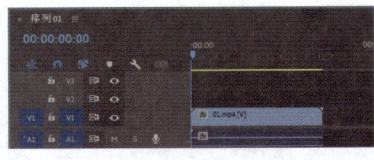

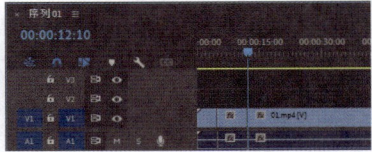

图2-34   图2-35   图2-36

05 选择"选择"工具▶，选择切割后左侧的文件，如图2-37所示。选择"编辑 > 波纹删除"命令，删除选中的文件，如图2-38所示。

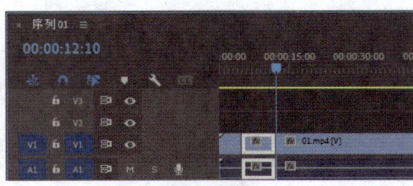
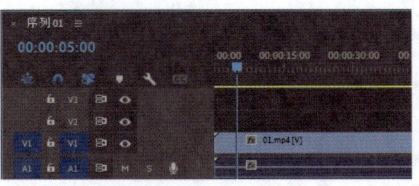

图2-37   图2-38

06 将播放指示器移动至00:00:11:06的位置，选择"剃刀"工具◆，在播放指示器所在位置单击切割文件，如图2-39所示。将播放指示器移动至00:00:49:07的位置，在播放指示器所在位置单击切割文件，如图2-40所示。

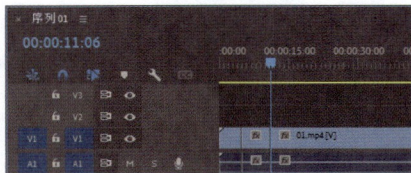
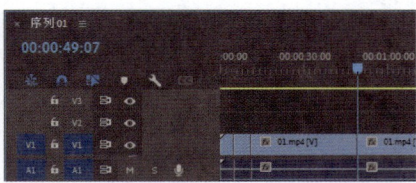

图2-39   图2-40

07 选择"选择"工具▶️，选择切割后左侧的文件，如图2-41所示。选择"编辑 > 波纹删除"命令，删除选中的文件，如图2-42所示。

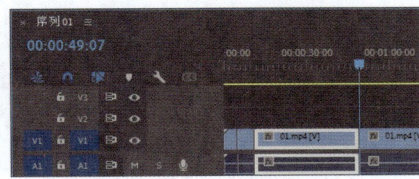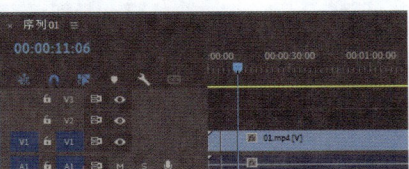

图2-41　　　　　　　　　　　　　图2-42

08 选择"时间轴"面板中右侧的"01"文件，如图2-43所示。在文件上单击鼠标右键，在弹出的菜单中选择"速度/持续时间"命令，弹出对话框，选项的设置如图2-44所示，单击"确定"按钮。

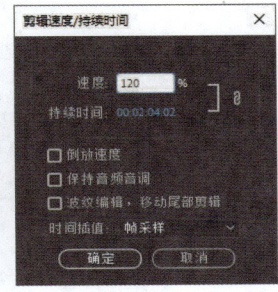

图2-43　　　　　　　　　　　　　图2-44

09 将播放指示器移动至00:00:20:00的位置，如图2-45所示。将鼠标指针放在"01"文件的结束位置，当鼠标指针呈◀️状时，向左拖曳鼠标指针到00:00:20:00的位置上，如图2-46所示。

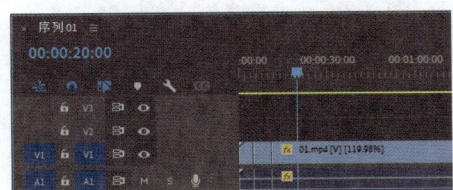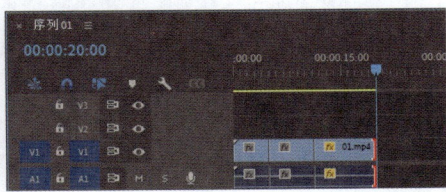

图2-45　　　　　　　　　　　　　图2-46

10 选中"项目"面板中的"02"文件并将其拖曳到"时间轴"面板中的"V2"轨道中，如图2-47所示。选择"时间轴"面板中的"02"文件。切换到"效果控件"面板，展开"运动"选项，将"位置"选项设置为305和360，如图2-48所示。芒种节气宣传片视频剪辑完成。

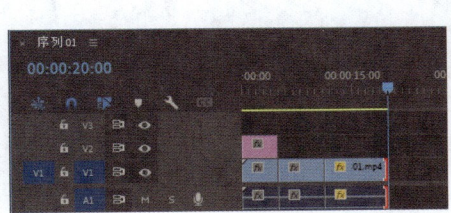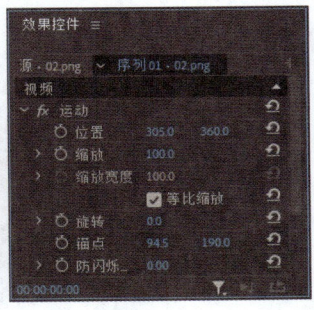

图2-47　　　　　　　　　　　　　图2-48

任务知识

2.2.1 在"时间轴"面板中剪辑素材

Premiere Pro 2024提供了多种编辑素材的工具，下面介绍这些编辑工具的具体使用方法。

1. 选择素材

选择素材的操作步骤如下。

01 选择"选择"工具▶，在"时间轴"面板中单击素材可以直接将其选中，如图2-49所示；按住Alt键的同时单击，可以单独选择素材的音频或视频部分，如图2-50所示；按住Shift键的同时单击，可以同时选择多个素材，如图2-51所示。

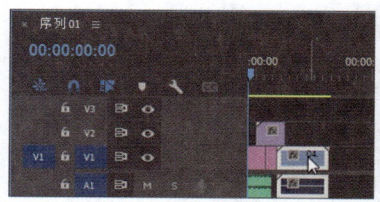
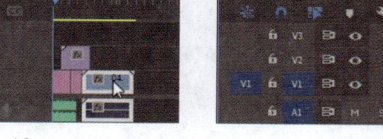
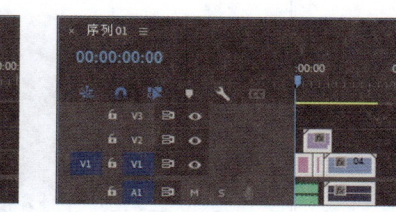

图2-49　　　　　　　　　图2-50　　　　　　　　　图2-51

02 选择"向前选择轨道"工具➡，在"时间轴"面板中单击可以选择鼠标指针右侧的所有素材，如图2-52所示；按住Shift键的同时单击，可以选择当前轨道中鼠标指针右侧的所有素材，如图2-53所示。

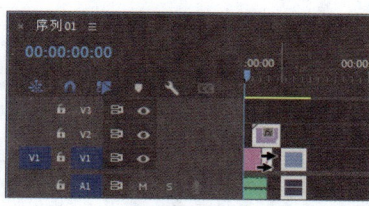
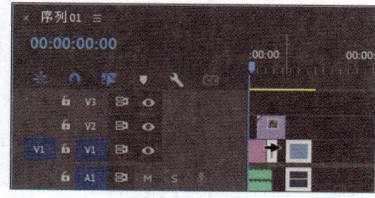

图2-52　　　　　　　　　　　图2-53

03 选择"向后选择轨道"工具➡，可以选择鼠标指针左侧的所有素材。具体操作与"向前选择轨道"工具➡类似，这里不再赘述。

2. 剪辑素材

剪辑素材的操作步骤如下。

01 将鼠标指针放置在素材文件的开始位置，当鼠标指针呈▶状时单击，显示编辑点，向右拖曳编辑点到适当的位置，如图2-54所示。将鼠标指针放置在素材文件的结束位置，当鼠标指针呈◀状时单击，显示编辑点，向左拖曳编辑点到适当的位置，如图2-55所示。

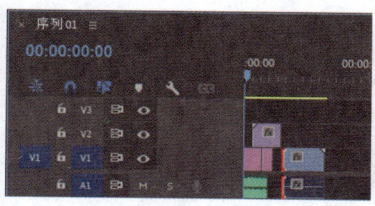
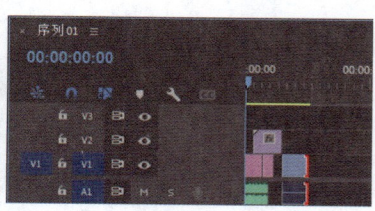

图2-54　　　　　　　　　图2-55

02 选择 "波纹编辑" 工具 ➡️，将鼠标指针放置在素材文件的开始位置，当鼠标指针呈 ➡️ 状时单击，显示编辑点，向右拖曳编辑点到适当的位置，如图2-56所示，右侧的素材发生位移。将鼠标指针放置在素材文件的结束位置，当鼠标指针呈 ➡️ 状时单击，显示编辑点，向左拖曳编辑点到适当的位置，如图2-57所示，左侧的素材发生位移。

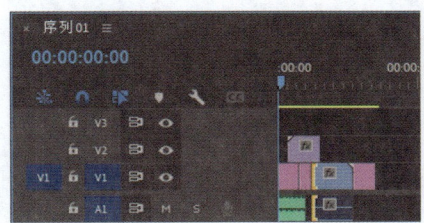 

图2-56　　　　　　　　　　　　　　　　图2-57

03 选择 "滚动编辑" 工具 ▦，在 "时间轴" 面板中将鼠标指针置于两个素材之间并单击，向左拖曳鼠标以调整素材，如图2-58所示。按住Alt键的同时向右拖曳鼠标，只影响链接素材的视频部分，如图2-59所示。

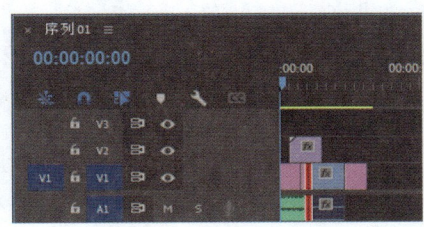 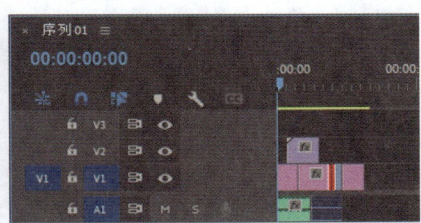

图2-58　　　　　　　　　　　　　　　　图2-59

04 选择 "外滑" 工具 ➡️，将鼠标指针置于要调整的素材上，向左拖动可以将素材的入点和出点前移，如图2-60所示，"节目" 监视器如图2-61所示。向右拖动可以将素材的入点和出点后移。

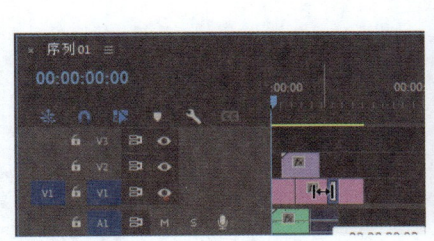 

图2-60　　　　　　　　　　　　　　　　图2-61

05 选择 "内滑" 工具 ➡️，将鼠标指针置于要调整的素材上，向左拖动将前一个素材的出点和后一个素材的入点前移，如图2-62所示，"节目" 监视器如图2-63所示。向右拖动可以将前一个素材的出点和后一个素材的入点后移。

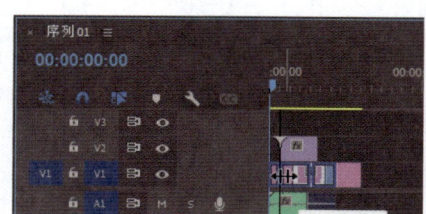

图2-62

图2-63

2.2.2 切割素材

在Premiere Pro 2024中，当素材被添加到"时间轴"面板的轨道中后，可以使用"工具"面板中的"剃刀"工具 对素材进行分割，具体操作步骤如下。

01 在"时间轴"面板中选择要切割的素材。选择"工具"面板中的"剃刀"工具 。

02 将鼠标指针移动至需要切割的位置并单击，该素材即被切割为两个素材片段，每个素材片段都有独立的长度及入点与出点，如图2-64所示。

03 如果要将多个轨道上的素材在同一点分割，则按住Shift键，显示出多重刀片状鼠标指针后单击，轨道上未锁定的素材都在该位置被分割成两段，如图2-65所示。

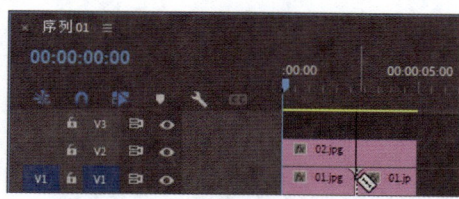

图2-64

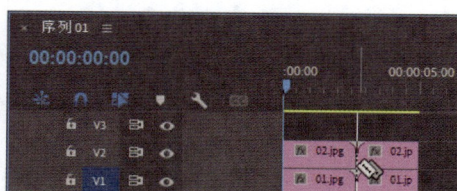

图2-65

2.2.3 改变素材的速度/持续时间

在Premiere Pro 2024中，用户可以根据需要更改影片的播放速度。

1. 使用"速度/持续时间"命令调整

在"时间轴"面板的某一个素材上单击鼠标右键，在弹出的菜单中选择"速度/持续时间"命令，打开图2-66所示的对话框。在该对话框中设置完成后，单击"确定"按钮，即可更改素材的速度/持续时间。

速度：用于设置播放速度的百分比，以决定影片的播放速度。

持续时间：单击右侧的时间码，可以修改时间值。时间值越大，影片播放的速度越慢；时间值越小，影片播放的速度越快。

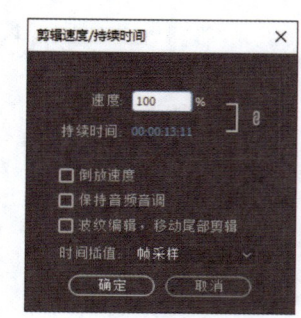

图2-66

倒放速度： 勾选此复选框，影片将向反方向播放。

保持音频音调： 勾选此复选框，影片将保持音频的播放速度不变。

波纹编辑，移动尾部剪辑： 勾选此复选框，可以使剪辑后相邻的素材保持跟随。

时间插值： 选择速度更改后的时间插值方法，包含"帧采样""帧混合"和"光流法"3种方法。

2. 使用"比率拉伸"工具调整

选择"比率拉伸"工具，将鼠标指针放置在素材文件的开始位置，当鼠标指针呈状时，向左拖曳到适当的位置，如图2-67所示，可以调整影片的速度。当鼠标指针呈状时，向右拖曳到适当的位置，如图2-68所示，可以调整影片的播放速度。

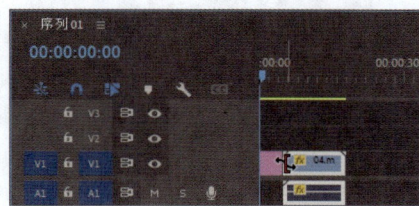 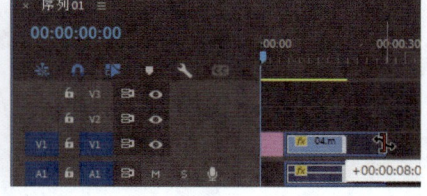

图2-67　　　　　　　　　　　　图2-68

3. 使用速度线调整

01 在"时间轴"面板中选择素材文件，如图2-69所示。在素材文件上单击鼠标右键，在弹出的菜单中选择"显示剪辑关键帧 > 时间重映射 > 速度"命令，此时的效果如图2-70所示。

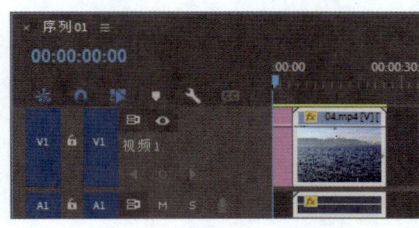 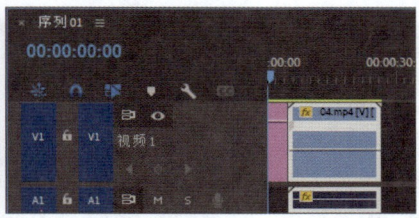

图2-69　　　　　　　　　　　　图2-70

02 向下拖曳中心的速度水平线，调整影片的播放速度，如图2-71所示，松开鼠标，效果如图2-72所示。

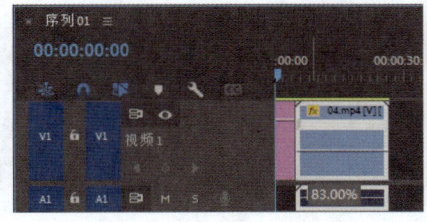 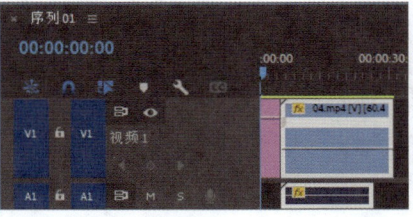

图2-71　　　　　　　　　　　　图2-72

03 按住Ctrl键的同时，在速度线上单击，生成关键帧，如图2-73所示。用相同的方法再次添加关键帧，效果如图2-74所示。

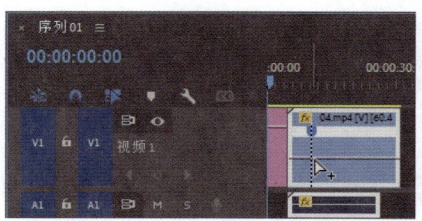

图2-73　　　　　　　　　　　　　　　图2-74

04 向上拖曳两个关键帧之间的速度线，调整影片的播放速度，如图2-75所示。拖曳第2个关键帧的右半部分，可以拆分关键帧，如图2-76所示。

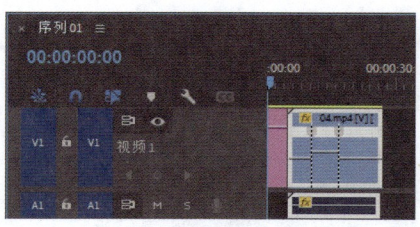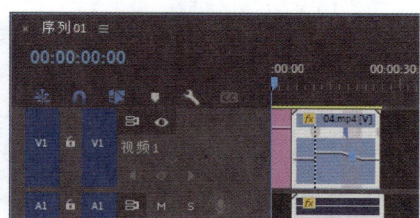

图2-75　　　　　　　　　　　　　　　图2-76

2.2.4　插入和覆盖编辑

"插入"按钮██和"覆盖"按钮██可以将"源"监视器中的素材直接置入"时间轴"面板中播放指示器所在位置的当前轨道中。

1.　插入编辑

使用"插入"按钮██的具体操作步骤如下。

01 在"源"监视器中选中要插入"时间轴"面板中的素材。

02 在"时间轴"面板中将播放指示器移动至需要插入素材的位置，如图2-77所示。

03 单击"源"监视器下方的"插入"按钮██，将选择的素材插入"时间轴"面板中，插入的新素材会把原有素材分为两段，原有素材的后半部分将自动向后移动，接在新素材之后，效果如图2-78所示。

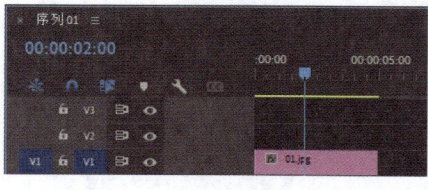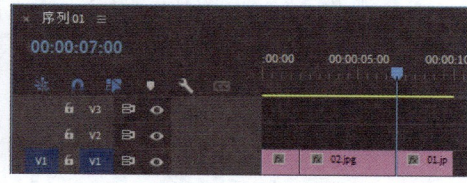

图2-77　　　　　　　　　　　　　　　图2-78

2.　覆盖编辑

使用"覆盖"按钮██的具体操作步骤如下。

01 在"源"监视器中选中要插入"时间轴"面板中的素材。

02 在"时间轴"面板中将播放指示器移动至需要插入素材的位置，如图2-79所示。

03 单击"源"监视器下方的"覆盖"按钮 ，将选择的素材插入"时间轴"面板中，插入的新素材将覆盖播放指示器右侧的原有素材，如图2-80所示。

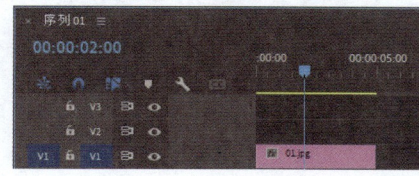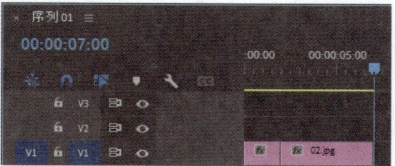

图2-79　　　　　　　　　　　　　　　　图2-80

2.2.5　提升和提取编辑

使用"提升"按钮 和"提取"按钮 可以在"时间轴"面板的指定轨道上删除指定的素材片段。

1. 提升编辑

使用"提升"按钮 的具体操作步骤如下。

01 在"节目"监视器中为素材需要提升的部分设置入点和出点。设置的入点和出点同时显示在"时间轴"面板的标尺上，如图2-81所示。

02 单击"节目"监视器下方的"提升"按钮 ，入点和出点之间的素材会被删除，删除后的区域留下空白，如图2-82所示。

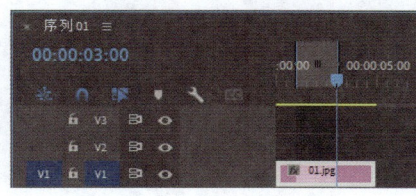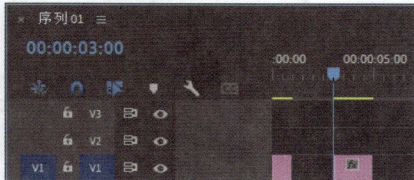

图2-81　　　　　　　　　　　　　　　　图2-82

2. 提取编辑

使用"提取"按钮 的具体操作步骤如下。

01 在"节目"监视器中为素材需要提取的部分设置入点和出点。设置的入点和出点同时显示在"时间轴"面板的标尺上。

02 单击"节目"监视器下方的"提取"按钮 ，入点和出点之间的素材会被删除，其后面的素材自动前移，以填补空缺处，如图2-83所示。

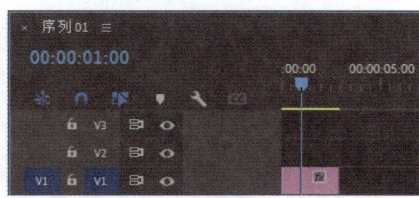

图2-83

2.2.6 创建帧定格

在Premiere Pro 2024中可以冻结素材中的某一帧，以静帧方式显示相应画面，就好像使用了一幅静止图像一样。被冻结的帧可以位于素材片段的开始点或结束点。创建帧定格的具体操作步骤如下。

01 单击"时间轴"面板中的某一段素材片段，将播放指示器移动至需要冻结的某一帧上，如图2-84所示。

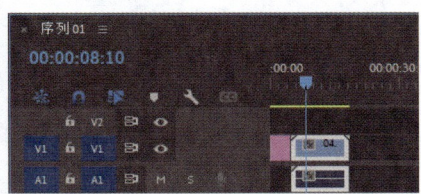

图2-84

02 在素材上单击鼠标右键，在弹出的菜单中选择"帧定格选项"命令，弹出图2-85所示的对话框。

03 勾选"定格位置"复选框，在右侧的下拉列表中根据需要选择"源时间码""序列时间码""入点""出点""播放指示器"中的一个，如图2-86所示。

图2-85

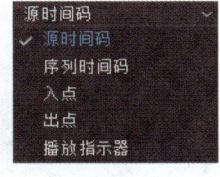

图2-86

04 勾选"定格滤镜"复选框，可以使冻结的帧画面依然保持使用滤镜后的效果。单击"确定"按钮完成创建。

2.2.7 设置标记点

为了查看素材的帧与帧之间是否对齐，用户需要在素材或标尺上做一些标记。

1. 添加标记

为影片添加标记的具体操作步骤如下。

01 将"时间轴"面板中的播放指示器移动至需要添加标记的位置，单击左侧的"添加标记"按钮，在播放指示器所在的位置就会添加一个标记，如图2-87所示。

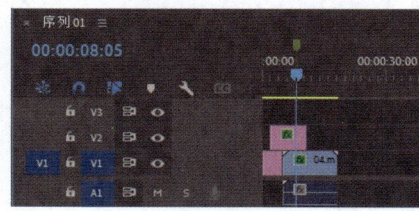

图2-87

02 确保"时间轴"面板左侧的"在时间轴中对齐"按钮 处于选中状态，将一个素材拖曳到轨道上的标记处，则素材的入点将会自动与标记对齐。

2. 跳转标记

在"时间轴"面板的标尺上单击鼠标右键，在弹出的菜单中选择"转到下一个标记"命令，播放指示器会自动跳转到下一个标记；选择"转到上一个标记"命令，播放指示器会自动跳转到上一个标记，如图2-88所示。

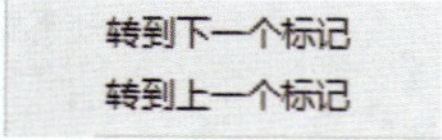

转到下一个标记
转到上一个标记

图2-88

3. 删除标记

如果用户在使用标记的过程中发现有不需要的标记，可以将其删除。

在"时间轴"面板的标尺上单击鼠标右键，在弹出的菜单中选择"清除所选的标记"命令，可清除当前选取的标记；选择"清除标记"命令，则可清除"时间轴"面板中的所有标记，如图2-89所示。

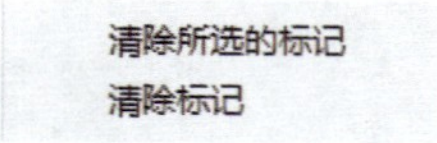

清除所选的标记
清除标记

图2-89

2.2.8 粘贴素材

Premiere Pro 2024提供了标准的Windows编辑命令，用于剪切、复制和粘贴素材，这些命令都位于"编辑"菜单中。

1. 使用"粘贴插入"命令

使用"粘贴插入"命令的具体操作步骤如下。

01 在"时间轴"面板中选择素材，然后选择"编辑 > 复制"命令，或按Ctrl+C快捷键。

02 将播放指示器移动至需要粘贴素材的位置，如图2-90所示。

03 选择"编辑 > 粘贴插入"命令，或按Ctrl+Shift+V快捷键，复制的影片将被粘贴到播放指示器处，播放指示器后的影片会随之后移，如图2-91所示。

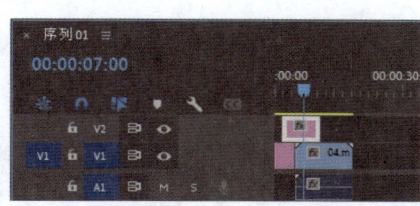

图2-90

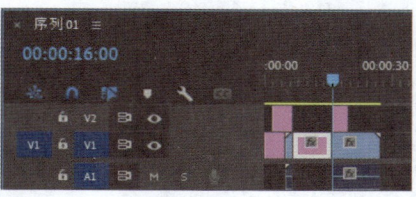

图2-91

2. 使用"粘贴属性"命令

使用"粘贴属性"命令的具体操作步骤如下。

01 在"时间轴"面板中选择影片素材，在"效果控件"面板中设置"不透明度"选项，如图2-92所示，并添加视频效果。在影片素材上单击鼠标右键，在弹出的菜单中选择"复制"命令，如图2-93所示。

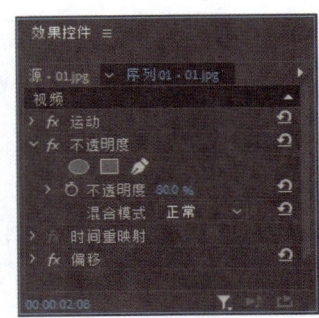
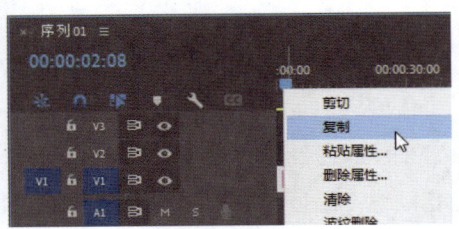

图2-92　　　　　　　　　　图2-93

02 用框选的方法选择需要粘贴属性的影片素材文件，如图2-94所示。在选中的影片素材上单击鼠标右键，在弹出的菜单中选择"粘贴属性"命令，如图2-95所示。

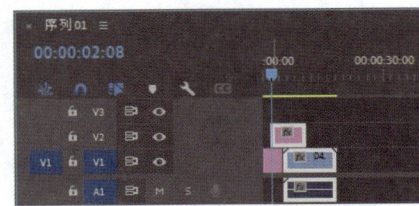

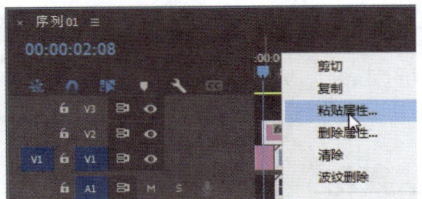

图2-94　　　　　　　　　　图2-95

03 弹出"粘贴属性"对话框，如图2-96所示，可以将视频属性（运动、不透明度、时间重映射、效果）粘贴到选中的影片素材文件上，如图2-97和图2-98所示。用相同的方法也可以将音频属性（音量、声道音量、声像器、效果）粘贴到选中的影片素材上。

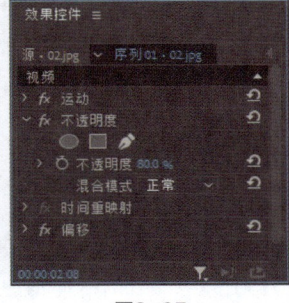
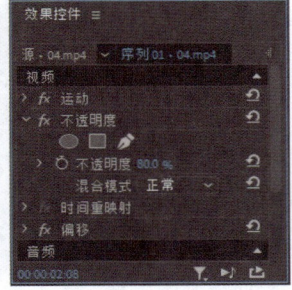

图2-96　　　　　　　　图2-97　　　　　　　　图2-98

2.2.9　编组

在项目编辑过程中，经常要对多个素材进行整体操作。这时使用"编组"命令可以将多个片段组合为一个整体来进行移动和复制等操作。

为素材编组的具体操作步骤如下。

01 在"时间轴"面板中框选要编组的素材。按住Shift键单击，可以加选素材。

02 在选定的素材上单击鼠标右键，在弹出的菜单中选择"编组"命令，则选定的素材被编组。

素材被编组后，在进行移动和复制等操作时就会被作为一个整体处理。如果要取消编组，可以在编组的对象上单击鼠标右键，在弹出的菜单中选择"取消编组"命令。

2.2.10　删除素材

如果用户决定不使用"时间轴"面板中的某个素材片段，则可以在"时间轴"面板中将其删除。从"时间轴"面板中删除的素材并不会同时在"项目"面板中被删除。当用户使用"清除"命令删除一个已经应用于"时间轴"面板的素材后，"时间轴"面板的轨道上原本该素材所处的位置会留下空位。用户也可以使用"波纹删除"命令，这样会使被删除素材所在轨道上的内容向左移动，以覆盖被删除素材留下的空位。

1. 清除素材

使用"清除"命令删除素材的操作步骤如下。

01 在"时间轴"面板中选择一个或多个素材。

02 选择"编辑 > 清除"命令或按Delete键。

2. 波纹删除素材

使用"波纹删除"命令删除素材的操作步骤如下。

01 在"时间轴"面板中选择一个或多个素材。如果不希望其他轨道的素材移动，可以锁定其他轨道。

02 选中素材并单击鼠标右键，在弹出的菜单中选择"波纹删除"命令，或按Shift+Delete快捷键。

2.2.11　序列嵌套

序列嵌套是指将"时间轴"面板中多个轨道的素材打包合并到一起，对其进行统一管理和快速处理。嵌套的序列可以和其他素材一样进行修改，无论是视频素材还是音频素材都可以进行一次或多次嵌套。

1. 创建序列嵌套

创建序列嵌套的操作步骤如下。

01 在"时间轴"面板中选中要嵌套的素材文件，如图2-99所示。

02 选择"剪辑 > 嵌套"命令，或在素材文件上单击鼠标右键，在弹出的菜单中选择"嵌套"命令，打开"嵌套序列名称"对话框，如图2-100所示。

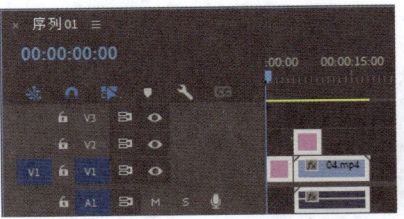

图2-99

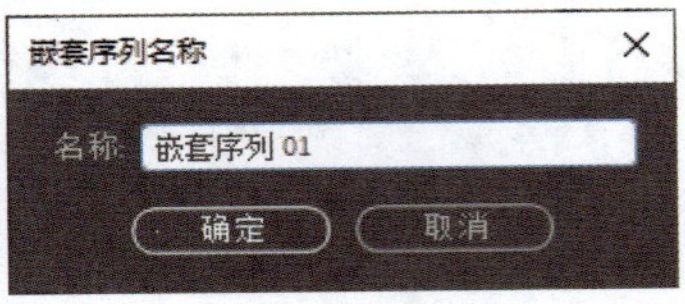

图2-100

03 在对话框中设置嵌套序列名称，单击"确定"按钮，创建嵌套序列，如图2-101所示。"项目"面板中也会同时创建一个嵌套序列，如图2-102所示。

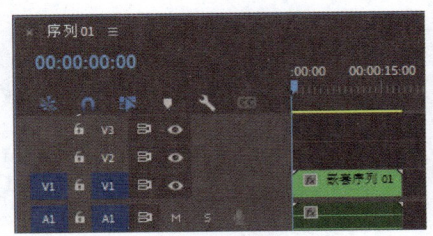
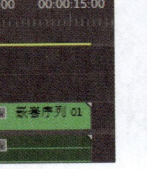

图2-101

图2-102

2. 修改嵌套序列

修改嵌套序列的操作步骤如下。

01 在"时间轴"面板或"项目"面板中双击嵌套序列文件，进入嵌套序列中，如图2-103所示。选择"V2"轨道中的"02"文件，对其进行编辑，如图2-104所示。

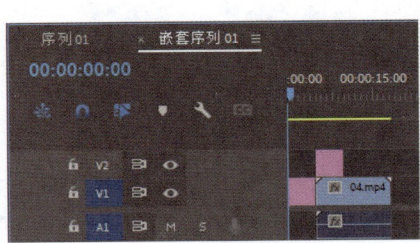
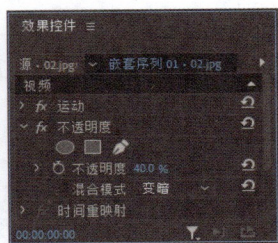

图2-103

图2-104

02 选择"序列01"，查看调整后的效果，发现"序列01"中的嵌套序列被同步修改。

3. 移出嵌套内容

移出嵌套内容的操作步骤如下。

01 在嵌套序列中将所有素材选中，如图2-105所示。按Ctrl+X快捷键，剪切素材，如图2-106所示。

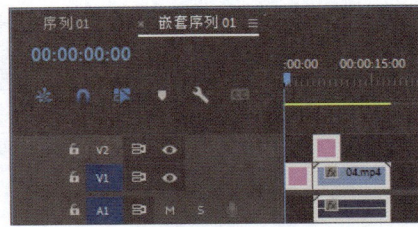
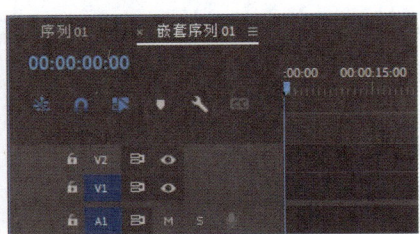

图2-105

图2-106

02 在"序列01"中，将播放指示器移动至需要的位置。按Ctrl+V快捷键，粘贴嵌套内容，如图2-107所示。删除左侧的嵌套序列，将粘贴的内容前移，如图2-108所示。

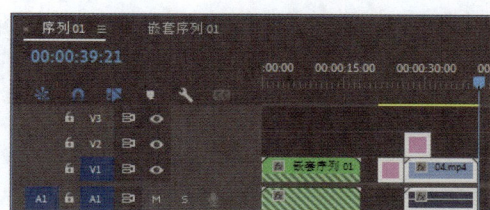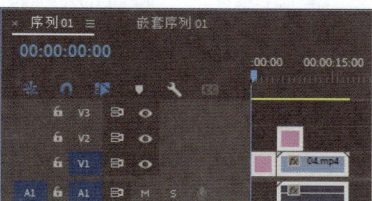

图2-107　　　　　　　　　　　　　　　　　　　　图2-108

2.2.12　自动重构序列

使用"自动重构序列"命令可以创建具有不同长宽比的复制序列，并对序列中的所有剪辑应用"自动重构效果"。

具体的操作步骤如下。

01 在"时间轴"面板中打开要进行重构的序列。

02 选择"序列 > 自动重构序列"命令，弹出"自动重构序列"对话框，如图2-109所示。

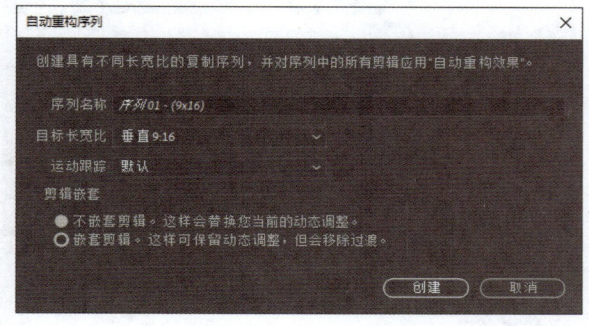

图2-109

序列名称：为重构的序列命名。

目标长宽比：设置重构序列的长宽比。

> **提示** 高清晰度（HD）视频的宽高比为16：9。社交媒体平台和网站允许各种宽高比的视频片段，如1：1、4：5或9：16。

运动跟踪：可以选择合适的运动预设来微调自动重构效果，包括"减慢动作""默认"和"加快动作"3个选项。

剪辑嵌套：可以选择是否嵌套剪辑。

03 设置完成后，单击"创建"按钮，即可在"时间轴"面板中创建自动重构后的复制序列。

任务2.3　掌握新元素的创建

本任务主要是让读者通过任务实践学习新元素的创建，通过了解任务知识掌握通用倒计时片头、彩条和黑场、调整图层、颜色遮罩和透明视频等元素的创建。

任务实践　调整长城宣传片画面颜色

任务目标　学习使用调整图层和效果调整画面颜色。

任务要点　使用"导入"命令导入素材文件，使用"色阶"效果、"ProcAmp"效果和"调整图层"调整画面颜色。最终效果参看学习资源中的"项目2\调整长城宣传片画面颜色\调整长城宣传片画面颜色.prproj"，如图2-110所示。

图2-110

任务制作

01 启动Premiere Pro 2024，选择"文件 > 新建 > 项目"命令，进入"导入"界面，如图2-111所示，单击"创建"按钮，新建项目。选择"文件 > 新建 > 序列"命令，弹出"新建序列"对话框，切换到"设置"选项卡，选项设置如图2-112所示，单击"确定"按钮，新建序列。

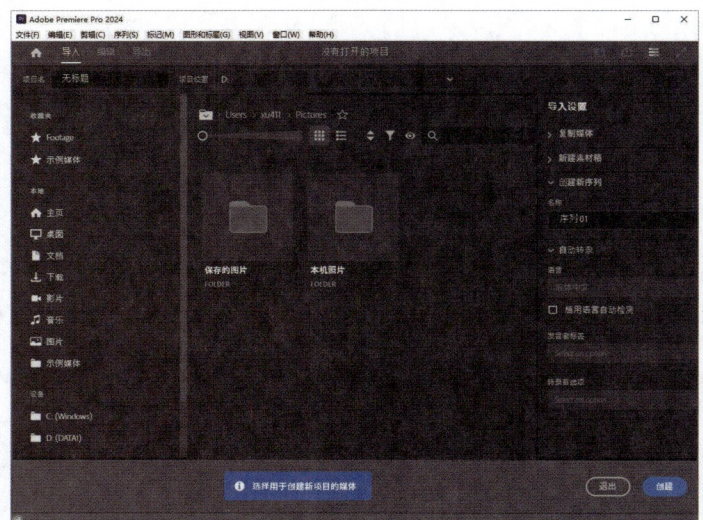

图2-111

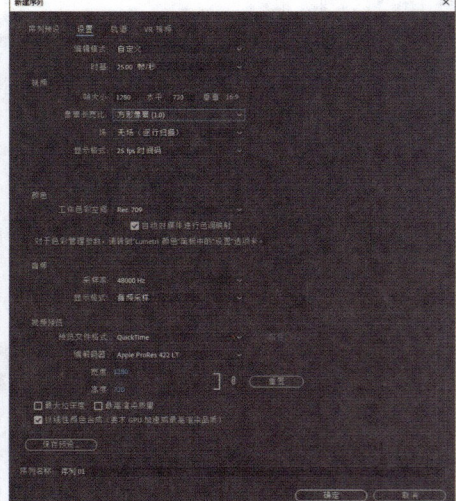

图2-112

02 选择"文件 > 导入"命令，弹出"导入"对话框，选择本书学习资源中的"项目2\调整长城宣传片画面颜色\素材"目录下的"01"和"02"文件，如图2-113所示，单击"打开"按钮，将文件导入"项目"面板中，如图2-114所示。

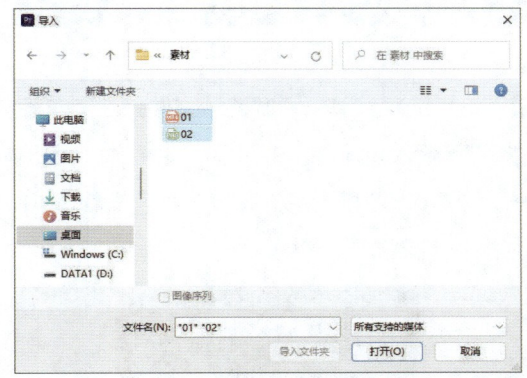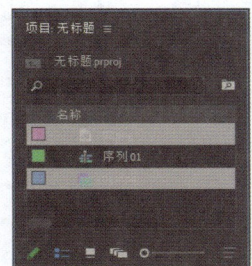

图2-113　　　　　　　　　　图2-114

03 在"项目"面板中，选中"01"文件并将其拖曳到"时间轴"面板中的"V1"轨道中，弹出"剪辑不匹配警告"对话框，单击"保持现有设置"按钮，在保持现有序列设置的情况下将文件放置在"V1"轨道中，如图2-115所示。选中"项目"面板中的"02"文件并将其拖曳到"时间轴"面板中的"V2"轨道中，如图2-116所示。

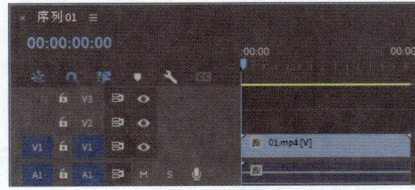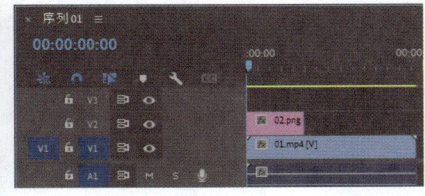

图2-115　　　　　　　　　　图2-116

04 切换到"项目"面板，选择"文件 > 新建 > 调整图层"命令，弹出对话框，如图2-117所示，单击"确定"按钮，在"项目"面板中新建一个调整图层，如图2-118所示。

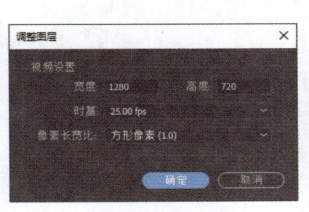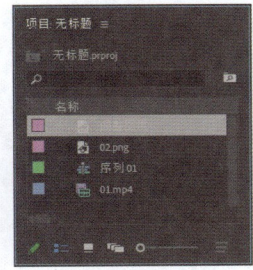

图2-117　　　　　　　　　　图2-118

05 选择"项目"面板中的"调整图层"，将其拖曳到"时间轴"面板中的"V3"轨道中，如图2-119所示。将鼠标指针放在"调整图层"文件的结束位置，当鼠标指针呈状时，单击并向右拖曳鼠标指针到与"01"文件的结束位置齐平，如图2-120所示。

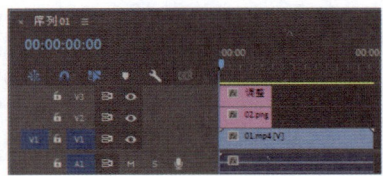
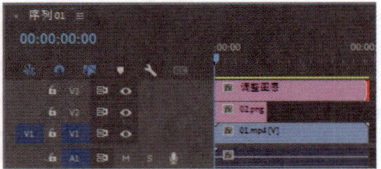

图2-119 　　　　　　　　　　　　　图2-120

06 切换到"效果"面板，展开"视频效果"分类选项，单击"调整"文件夹左侧的▶按钮将其展开，选中"ProcAmp"效果，如图2-121所示。将"ProcAmp"效果拖曳到"时间轴"面板中的"调整图层"文件上。在"效果控件"面板中，展开"ProcAmp"效果，将"亮度"选项设置为-9、"对比度"选项设置为105、"饱和度"选项设置为120，如图2-122所示。

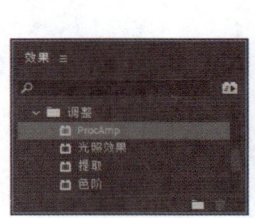
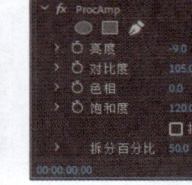

图2-121 　　　　　　　　　　　　　图2-122

07 切换到"效果"面板，选中"色阶"效果，如图2-123所示。将"色阶"效果拖曳到"时间轴"面板中的"调整图层"文件上。在"效果控件"面板中，展开"色阶"效果，将"（RGB）输入黑色阶"选项设置为9、"（RGB）输入白色阶"选项设置为229，如图2-124所示。长城宣传片画面颜色调整完成。

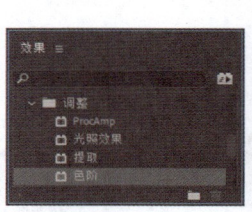

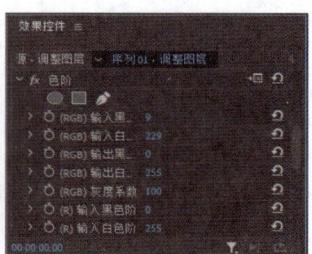

图2-123 　　　　　　　　　　　　　图2-124

任务知识

2.3.1 通用倒计时片头

　　通用倒计时片头通常出现在影片开始前的倒计时准备中。Premiere Pro 2024提供了预设的通用倒计时片头，如图2-125所示，用户可以非常便捷地创建一个标准的倒计时素材，并可以在Premiere Pro 2024中随时对其进行修改。

图2-125

创建倒计时素材的具体操作步骤如下。

01 单击"项目"面板下方的"新建项"按钮█，在弹出的菜单中选择"通用倒计时片头"命令，弹出"新建通用倒计时片头"对话框，如图2-126所示。设置完成后，单击"确定"按钮，弹出"通用倒计时设置"对话框，如图2-127所示。

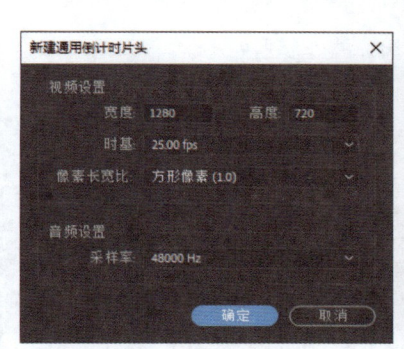

图2-126

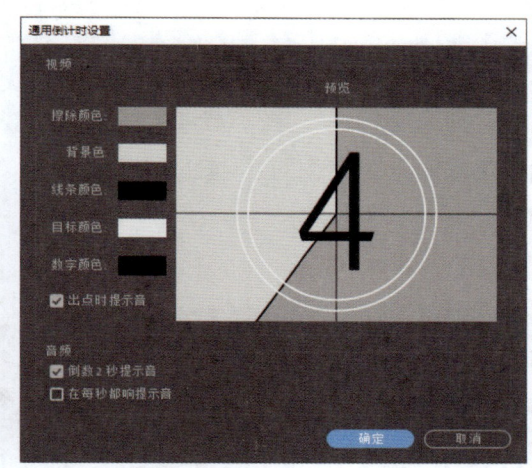

图2-127

02 设置完成后，单击"确定"按钮，创建的倒计时素材将自动加入"项目"面板中。

在"项目"面板或"时间轴"面板中，双击倒计时素材可以打开"通用倒计时设置"对话框进行修改。

2.3.2　彩条和黑场

1. 彩条

在Premiere Pro 2024中，可以在影片开始前加入一段彩条，如图2-128所示。在"项目"面板下方单击"新建项"按钮█，在弹出的菜单中选择"彩条"命令，即可创建彩条。

图2-128

2. 黑场

在Premiere Pro 2024中，可以在影片中创建一段黑场。在"项目"面板下方单击"新建项"按钮，在弹出的菜单中选择"黑场视频"命令，即可创建黑场。

2.3.3 调整图层

在Premiere Pro 2024中，可以使用调整图层将同一效果应用于"时间轴"面板中的多个剪辑，也可以使用多个调整图层调整出更多的效果。

在"项目"面板下方单击"新建项"按钮，在弹出的菜单中选择"调整图层"命令，打开"调整图层"对话框，如图2-129所示。进行选项设置后，单击"确定"按钮。"项目"面板中会生成调整图层。

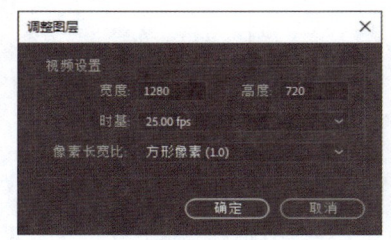

图2-129

2.3.4 颜色遮罩

在Premiere Pro 2024中，还可以为影片创建颜色遮罩。用户可以将颜色遮罩当作背景，也可使用"透明度"命令设定与它相关的色彩的透明度。创建颜色遮罩的具体操作步骤如下。

01 在"项目"面板下方单击"新建项"按钮，在弹出的菜单中选择"颜色遮罩"命令，打开"新建颜色遮罩"对话框，如图2-130所示。设置选项后，单击"确定"按钮，弹出"拾色器"对话框，如图2-131所示。

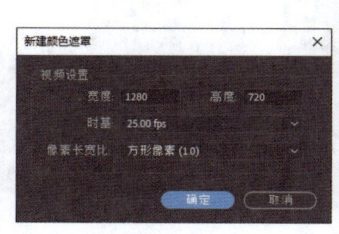

图2-130

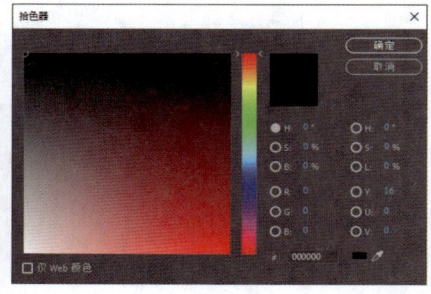

图2-131

02 在"拾色器"对话框中选取遮罩颜色，单击"确定"按钮。

在"项目"面板或"时间轴"面板中双击颜色遮罩，可以打开"拾色器"对话框进行修改。

2.3.5 透明视频

在Premiere Pro 2024中，可以创建一个透明的视频层，它能够将效果应用到一系列的影片剪辑中，而无须重复地复制和粘贴属性。只要将一个效果应用到透明视频轨道上，该效果将自动出现在透明视频轨道下面的所有视频轨道中。

项目实践　剪辑城市形象宣传片视频

项目要点　使用"导入"命令导入视频文件，使用入点和出点在"源"监视器中剪辑视频，通过拖曳编辑点在"时间轴"面板中剪辑素材。最终效果参看学习资源中的"项目2\剪辑城市形象宣传片视频\剪辑城市形象宣传片视频.prproj"，如图2-132所示。

图2-132

课后习题　剪辑超市购物短视频

习题要点　使用"导入"命令导入视频文件，使用入点在"源"监视器中剪辑视频，使用"速度/持续时间"命令调整素材的速度和持续时间，使用"效果控件"面板调整素材位置。最终效果参看学习资源中的"项目2\剪辑超市购物短视频\剪辑超市购物短视频. prproj"，如图2-133所示。

图2-133

项目 3

视频过渡效果

本项目主要介绍如何在Premiere Pro 2024的影片素材或静止图像素材之间建立丰富多彩的过渡效果。每一个过渡效果的控制方式都具有很多可调的选项。本项目内容对影视剪辑中的镜头过渡有着非常重要的意义，它可以使剪辑的画面更加生动多姿。

学习目标

- 掌握视频过渡效果的设置方法。
- 掌握不同过渡效果的应用技巧。

技能目标

- 掌握"端午节短片的转场"的设置方法。
- 掌握"美食创意宣传片的转场"的添加方法。

素养目标

- 培养能确保与目标效果一致的思维能力。
- 培养具有良好的艺术感知和审美意识的能力。
- 培养能够准确观察和分析对象特点的能力。

任务3.1　掌握过渡效果的设置

本任务主要是让读者通过任务实践学习过渡效果的设置方法，通过了解任务知识掌握镜头过渡的使用、镜头过渡的设置和镜头过渡的调整等多种基本操作。

任务实践　设置端午节短片的转场

任务目标　学习使用过渡效果设置不同素材间的过渡转场。

任务要点　使用"导入"命令导入视频文件，使用"交叉溶解"效果、"白场过渡"效果和"叠加溶解"效果制作视频之间的过渡效果，使用"效果控件"面板调整过渡效果。最终效果参看学习资源中的"项目3\设置端午节短片的转场\设置端午节短片的转场. prproj"，如图3-1所示。

图3-1

任务制作

01 启动Premiere Pro 2024，选择"文件 > 新建 > 项目"命令，进入"导入"界面，如图3-2所示，单击"创建"按钮，新建项目。选择"文件 > 新建 > 序列"命令，弹出"新建序列"对话框，切换到"设置"选项卡，选项设置如图3-3所示，单击"确定"按钮，新建序列。

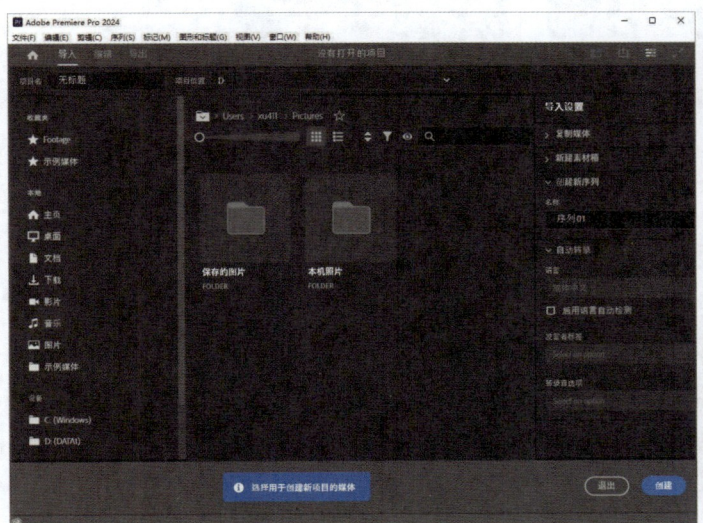

图3-2

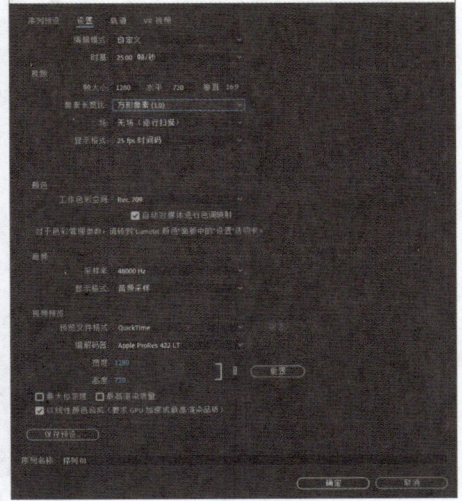

图3-3

02 选择"文件 > 导入"命令，弹出"导入"对话框，选择本书学习资源中的"项目3\设置端午节短片的转场\素材"目录下的"01"~"05"文件，如图3-4所示，单击"打开"按钮，将文件导入"项目"面板中，如图3-5所示。

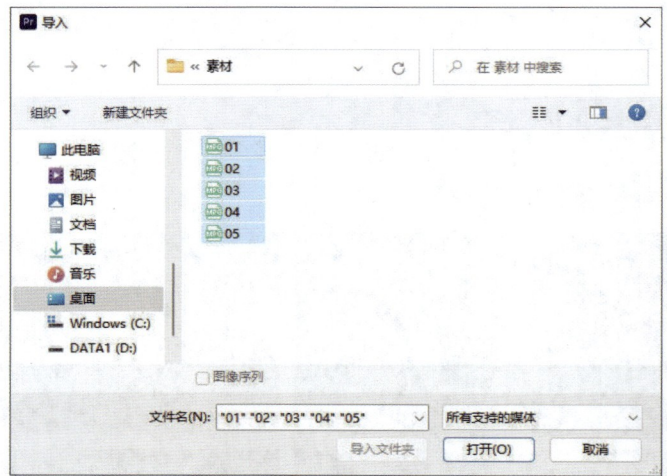
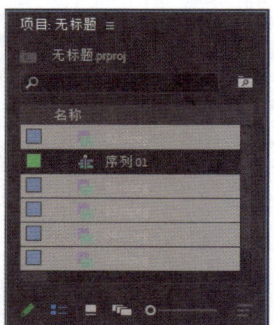

图3-4   图3-5

03 在"项目"面板中，依次选中"01"~"05"文件并将其拖曳到"时间轴"面板中的"V1"轨道中，如图3-6所示。切换到"效果"面板，展开"视频过渡"分类选项，单击"溶解"文件夹左侧的▶按钮将其展开，选中"交叉溶解"效果，如图3-7所示。

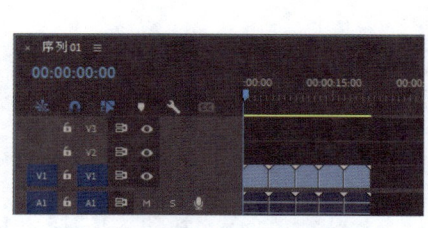
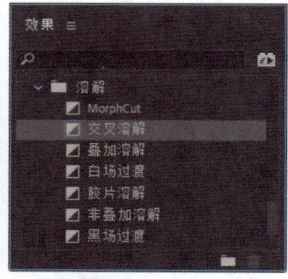

图3-6   图3-7

04 将"交叉溶解"效果拖曳到"时间轴"面板中"01"文件和"02"文件的中间位置，如图3-8所示。选择"时间轴"面板中的"交叉溶解"效果，在"效果控件"面板中将"持续时间"选项设置为00:00:01:20，如图3-9所示。

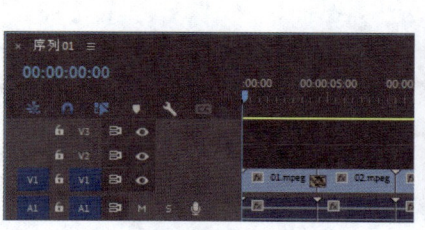
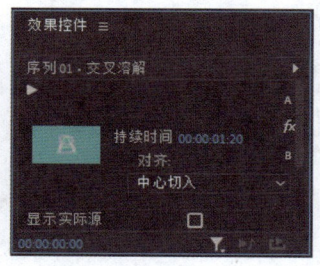

图3-8   图3-9

05 切换到"效果"面板，选中"白场过渡"效果，如图3-10所示。将"白场过渡"效果拖曳到"时间轴"面板中"02"文件和"03"文件的中间位置，如图3-11所示。选择"时间轴"面板中的"白场过渡"效果，在"效果控件"面板中将"对齐"选项设置为"起点切入"，如图3-12所示。

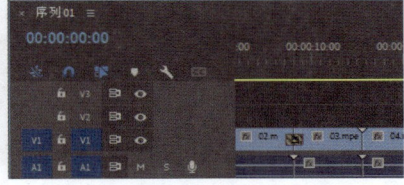
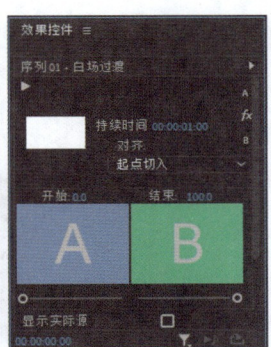

图3-10　　　　　　　　图3-11　　　　　　　　图3-12

06 切换到"效果"面板，选中"叠加溶解"效果，如图3-13所示。将"叠加溶解"效果拖曳到"时间轴"面板中"03"文件和"04"文件的中间位置，如图3-14所示。

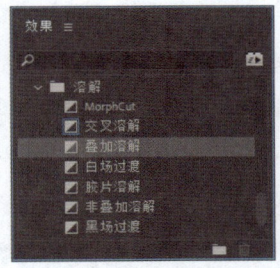

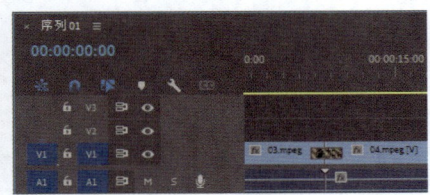

图3-13　　　　　　　　　　　图3-14

07 切换到"效果"面板，选中"白场过渡"效果。将"白场过渡"效果拖曳到"时间轴"面板中"04"文件和"05"文件的中间位置，如图3-15所示。选择"时间轴"面板中的"白场过渡"效果，在"效果控件"面板中将"持续时间"选项设置为00:00:00:15，"对齐"选项设置为"终点切入"，如图3-16所示。端午节短片的转场设置完成。

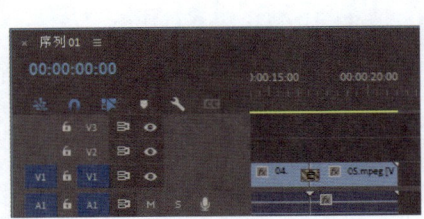
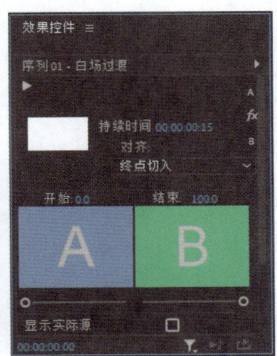

图3-15　　　　　　　　图3-16

任务知识

3.1.1 镜头过渡的使用

一般情况下，过渡效果在同一轨道的两个相邻素材之间使用，如图3-17所示。也可以单独为某一个素材添加过渡效果，此时，素材与其下方轨道的素材进行过渡，下方轨道的素材只作为背景使用，并不能被过渡效果控制，如图3-18所示。

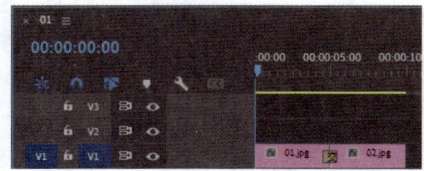
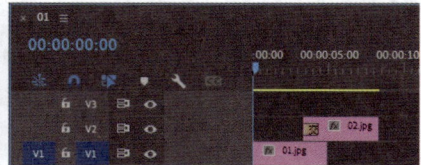

图3-17   图3-18

3.1.2 镜头过渡的设置

在两段影片之间添加过渡效果后，"时间轴"面板上会有一个重叠区域，这个重叠区域就是发生过渡的范围。通过"效果控件"面板和"时间轴"面板可以对过渡进行设置。

在"效果控件"面板上方单击▶按钮，可以在小视窗中预览过渡效果，如图3-19所示。对于某些有方向的过渡来说，可以在小视窗中改变过渡的方向。例如，通过单击小视窗右上角的箭头来改变过渡的方向，如图3-20所示。

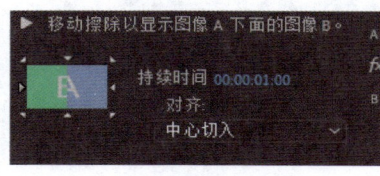
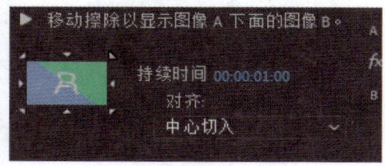

图3-19   图3-20

"持续时间"选项用于设置过渡的持续时间。双击"时间轴"面板中的过渡块，会弹出"设置过渡持续时间"对话框，在其中也可以设置过渡的持续时间，如图3-21所示，设置完成后，单击"确定"按钮。

"对齐"下拉列表中包含"中心切入""起点切入""终点切入"和"自定义起点"4种对齐方式。

"开始"和"结束"用于设置过渡的起始和结束状态。按住Shift键拖曳滑块，可以使开始和结束滑块以相同的数值变化。

勾选"显示实际源"复选框，可以在上方的"开始"和"结束"视图窗中显示过渡的开始帧和结束帧，如图3-22所示。

其他选项的设置会根据过渡的不同而有不同的变化。

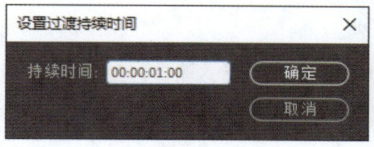

图3-21　　　　　　　　　　　　　　　　　图3-22

3.1.3　镜头过渡的调整

在"效果控件"面板的右侧区域和"时间轴"面板中，还可以对过渡进行进一步的调整。

在"效果控件"面板中，将鼠标指针移动到过渡块的中线上，当鼠标指针呈✛状时拖曳鼠标，可以改变素材影片的持续时间和过渡效果的影响区域，如图3-23所示。将鼠标指针移动到过渡块上，当鼠标指针呈↔状时拖曳鼠标，可以改变过渡的切入位置，如图3-24所示。

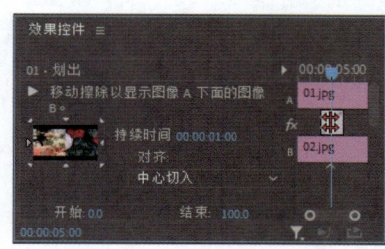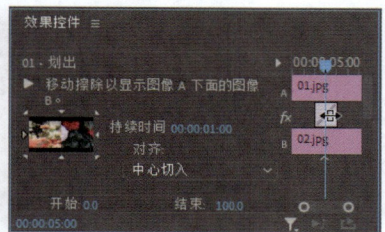

图3-23　　　　　　　　　　　　　　图3-24

在"效果控件"面板中，将鼠标指针移动到过渡块的左侧边缘，当鼠标指针呈▶状时拖曳鼠标，可以改变过渡块的长度，如图3-25所示。在"时间轴"面板中，将鼠标指针移动到过渡块的右侧边缘，当鼠标指针呈◀状时拖曳鼠标，也可以改变过渡块的长度，如图3-26所示。

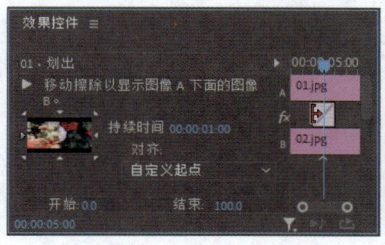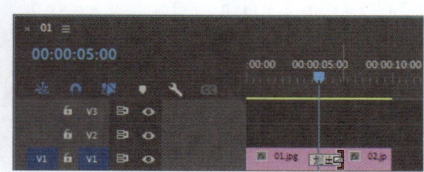

图3-25　　　　　　　　　　　　图3-26

任务3.2 掌握不同的过渡效果

　　本任务主要是让读者通过任务实践学习不同过渡效果的使用，通过了解任务知识熟悉不同的过渡类型，以便在以后的工作中更加便捷地查找使用。

任务实践　添加美食创意宣传片的转场

任务目标　学习使用不同的过渡效果制作素材间的转场。

任务要点　使用"导入"命令导入视频文件，使用"剃刀"工具切割素材文件，使用"波纹删除"命令删除视频文件，使用"速度/持续时间"命令调整素材的播放速度和持续时间，使用"划出"效果、"带状内滑"效果、"VR光线"效果、"白场过渡"效果和"随机擦除"效果制作视频之间的过渡效果，使用"效果控件"面板编辑过渡效果。最终效果参看学习资源中的"项目3\添加美食创意宣传片的转场\添加美食创意宣传片的转场. prproj"，如图3-27所示。

图3-27

任务制作

1. 添加并调整素材

01 启动Premiere Pro 2024，选择"文件 > 新建 > 项目"命令，进入"导入"界面，如图3-28所示，单击"创建"按钮，新建项目。

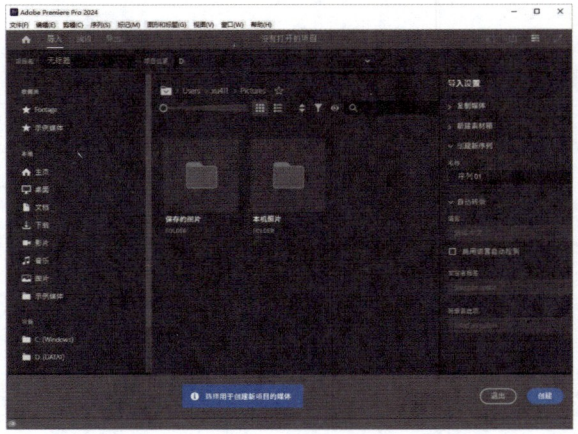

图3-28

02 选择"文件 > 导入"命令，弹出"导入"对话框，选择本书学习资源中的"项目3\添加美食创意宣传片的转场\素材\01"文件，如图3-29所示，单击"打开"按钮，将素材文件导入"项目"面板中，如图3-30所示。在"项目"面板中，选中"01"文件并将其拖曳到"时间轴"面板中，生成"01"序列，且将"01"文件放置到"V1"轨道中，如图3-31所示。

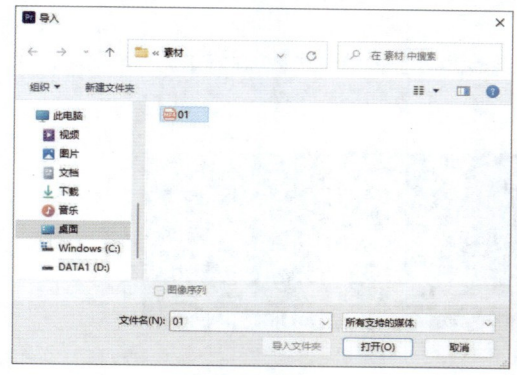
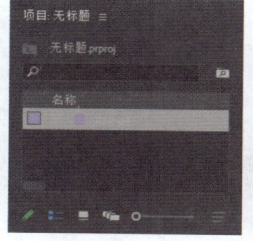
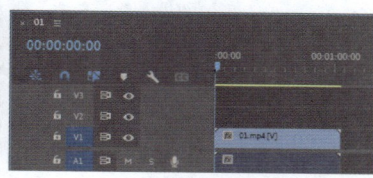

图3-29　　　　　　　　　图3-30　　　　　　　　　图3-31

03 按住Alt键的同时，选择下方的音频，如图3-32所示。按Delete键，删除音频，如图3-33所示。

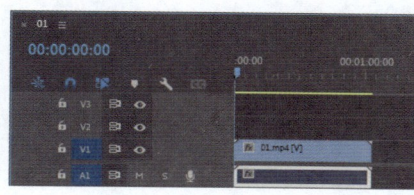
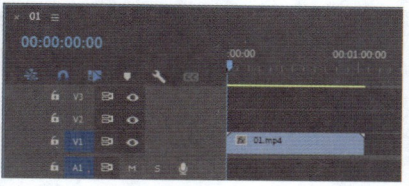

图3-32　　　　　　　　　　　　　　　图3-33

04 选择"时间轴"面板中的"01"文件。在"01"文件上单击鼠标右键，在弹出的菜单中选择"速度/持续时间"命令，在打开的对话框中进行设置，如图3-34所示，单击"确定"按钮，效果如图3-35所示。

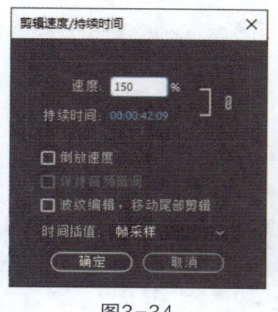
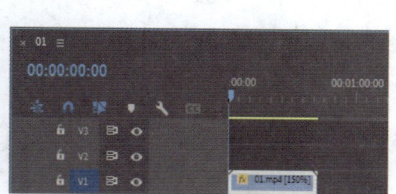

图3-34　　　　　　　　　图3-35

05 将播放指示器移动至00:00:05:20的位置，选择"剃刀"工具，在播放指示器所在位置单击切割文件，如图3-36所示。将播放指示器移动至00:00:08:17的位置，在播放指示器所在位置单击切割文件，如图3-37所示。

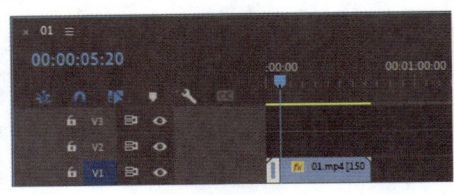
图3-36

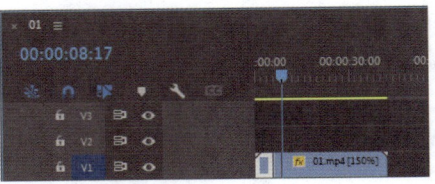
图3-37

06 选择"选择"工具，选择切割后中间的文件，如图3-38所示。选择"编辑 > 波纹删除"命令，删除选中的文件，如图3-39所示。

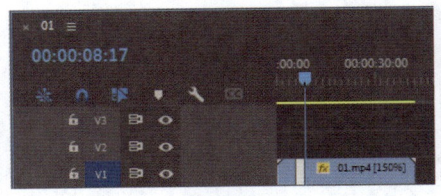
图3-38

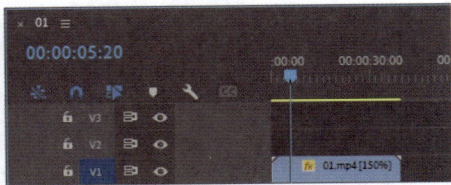
图3-39

07 将播放指示器移动至00:00:11:20的位置，选择"剃刀"工具，在播放指示器所在位置单击切割文件，如图3-40所示。选择"选择"工具，选择切割后中间的文件。在选中的文件上单击鼠标右键，在弹出的菜单中选择"速度/持续时间"命令，打开对话框，勾选"波纹编辑，移动尾部剪辑"复选框，其他选项的设置如图3-41所示，单击"确定"按钮，如图3-42所示。

08 将播放指示器移动至00:00:12:16的位置，选择"剃刀"工具，在播放指示器所在位置单击切割文件，如图3-43所示。

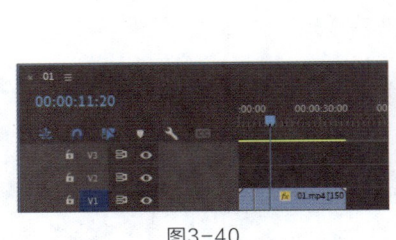
图3-40

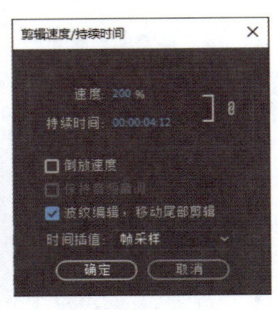
图3-41

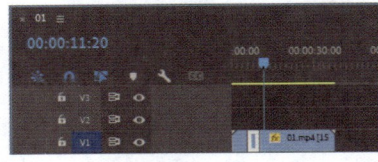
图3-42

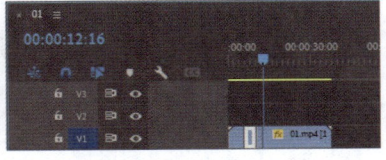
图3-43

09 选择"选择"工具，选择切割后紧挨播放指示器左侧的文件。选择"编辑 > 波纹删除"命令，删除选中的文件，如图3-44所示。将播放指示器移动至00:00:12:03的位置，选择"剃刀"工具，在播放指示器所在位置单击切割文件，如图3-45所示。

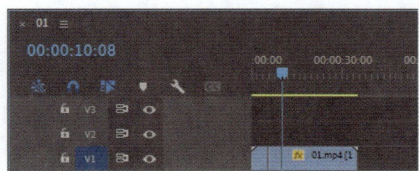

图3-44 图3-45

10 选择"选择"工具▶，选择切割后紧挨播放指示器左侧的文件。在文件上单击鼠标右键，在弹出的菜单中选择"速度/持续时间"命令，打开对话框，选项的设置如图3-46所示，单击"确定"按钮，效果如图3-47所示。

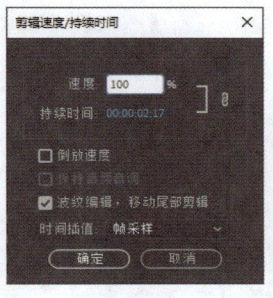

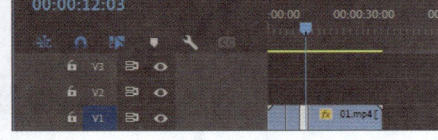

图3-46 图3-47

11 将播放指示器移动至00:00:20:17的位置，选择"剃刀"工具◢，在播放指示器所在位置单击切割文件，如图3-48所示。将播放指示器移动至00:00:25:19的位置，在播放指示器所在位置单击切割文件，如图3-49所示。

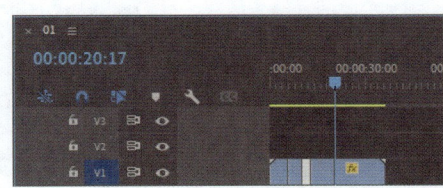

图3-48 图3-49

12 选择"选择"工具▶，选择切割后紧挨播放指示器右侧的文件。在文件上单击鼠标右键，在弹出的菜单中选择"速度/持续时间"命令，打开"剪辑速度/持续时间"对话框，选项的设置如图3-50所示，单击"确定"按钮，效果如图3-51所示。

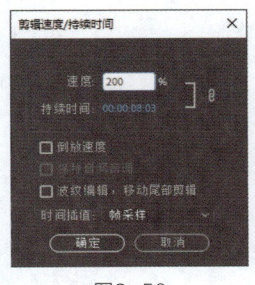

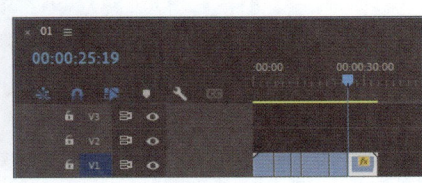

图3-50 图3-51

2. 为素材添加过渡

01 切换到"效果"面板，展开"视频过渡"分类选项，单击"擦除"文件夹左侧的▶按钮将其展开，选中"划出"效果，如图3-52所示。将"划出"效果拖曳到"时间轴"面板中第1个"01"文件的开始位置，如图3-53所示。

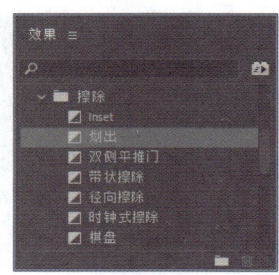

图3-52 图3-53

02 选择"时间轴"面板中的"划出"效果，如图3-54所示。切换到"效果控件"面板，将"持续时间"选项设置为00:00:03:00，如图3-55所示。

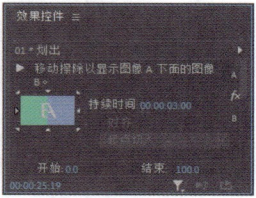

图3-54 图3-55

03 切换到"效果"面板，单击"内滑"文件夹左侧的▶按钮将其展开，选中"带状内滑"效果，如图3-56所示。将"带状内滑"效果拖曳到"时间轴"面板中第3个"01"文件和第4个"01"文件的中间位置，如图3-57所示。

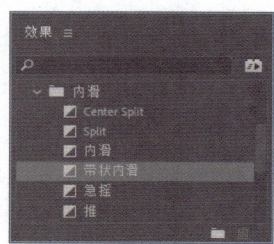

图3-56 图3-57

04 切换到"效果"面板，单击"沉浸式视频"文件夹左侧的▶按钮将其展开，选中"VR光线"效果，如图3-58所示。将"VR光线"效果拖曳到"时间轴"面板中第4个"01"文件和第5个"01"文件的中间位置，如图3-59所示。选择"时间轴"面板中的"VR光线"效果，切换到"效果控件"面板，将"持续时间"选项设置为00:00:03:00，其他设置如图3-60所示。

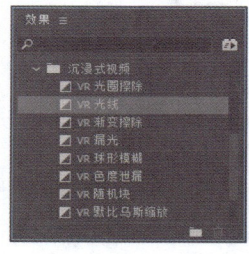

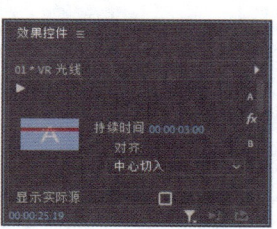

图3-58 图3-59 图3-60

05 切换到"效果"面板，单击"溶解"文件夹左侧的 ▶ 按钮将其展开，选中"白场过渡"效果，如图3-61所示。将"白场过渡"效果拖曳到"时间轴"面板中第5个"01"文件和第6个"01"文件的中间位置，如图3-62所示。选择"时间轴"面板中的"白场过渡"效果，切换到"效果控件"面板，将"持续时间"选项设置为00:00:03:00，如图3-63所示。

图3-61

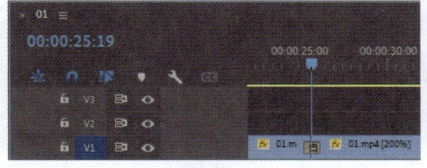
图3-62

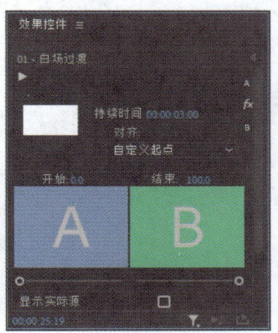
图3-63

06 切换到"效果"面板，选中"擦除"文件夹中的"随机擦除"效果，如图3-64所示。将"随机擦除"效果拖曳到"时间轴"面板中第6个"01"文件的结束位置，如图3-65所示。选择"时间轴"面板中的"随机擦除"效果，切换到"效果控件"面板，将"持续时间"选项设置为00:00:02:00，如图3-66所示。美食创意宣传片的转场添加完成。

图3-64

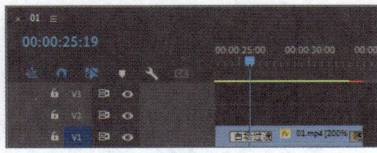
图3-65

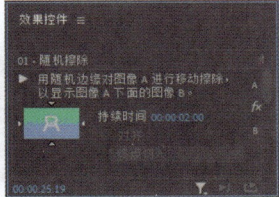
图3-66

任务知识

3.2.1 内滑

"内滑"文件夹中共包含6种视频过渡效果，如图3-67所示。不同过渡效果的应用示例如图3-68所示。

图3-67

Center Split	Split	内滑
带状内滑	急摇	推

图3-68

3.2.2 划像

"划像"文件夹中共包含4种视频过渡效果，如图3-69所示。不同过渡效果的应用示例如图3-70所示。

> ∨ 📁 划像
> 🔲 交叉划像
> 🔲 圆划像
> 🔲 盒形划像
> 🔲 菱形划像

图3-69

交叉划像	圆划像
盒形划像	菱形划像

图3-70

3.2.3　擦除

　　"擦除"文件夹中共包含16种视频过渡效果，如图3-71所示。不同过渡效果的应用示例如图3-72所示。

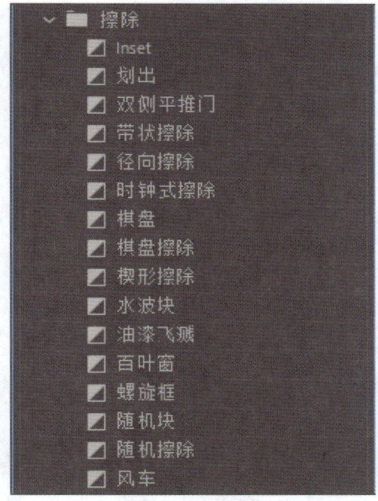

图3-71

Inset	划出	双侧平推门
带状擦除	径向擦除	时钟式擦除
棋盘	棋盘擦除	楔形擦除
水波块	油漆飞溅	百叶窗

图3-72

螺旋框

随机块

随机擦除

风车

图3-72（续）

3.2.4 沉浸式视频

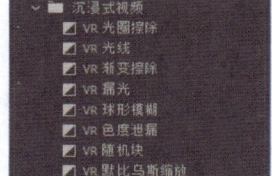

图3-73

"沉浸式视频"文件夹中共包含8种视频过渡效果，如图3-73所示。不同过渡效果的应用示例如图3-74所示。

VR光圈擦除

VR光线

VR渐变擦除

VR漏光

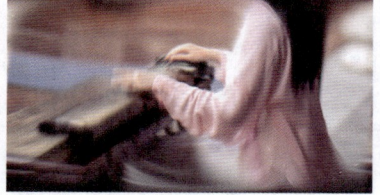

VR球形模糊

VR色度泄漏

图3-74

VR随机块

VR默比乌斯缩放

图3-74（续）

3.2.5　溶解

　　"溶解"文件夹中共包含7种视频过渡效果，如图3-75所示。不同过渡效果的应用示例如图3-76所示。

图3-75

MorphCut

交叉溶解

叠加溶解

白场过渡

胶片溶解

图3-76

非叠加溶解

黑场过渡

图3-76（续）

3.2.6 缩放

"缩放"文件夹中只有一种视频过渡效果，如图3-77所示。"交叉缩放"效果的应用示例如图3-78所示。

图3-77

图3-78

3.2.7 过时

"过时"文件夹中共包含3种视频过渡效果，如图3-79所示。不同过渡效果的应用示例如图3-80所示。

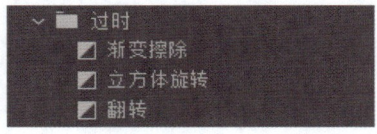

图3-79

渐变擦除

立方体旋转

翻转

图3-80

3.2.8　页面剥落

　　"页面剥落"文件夹中共包含两种视频过渡效果，如图3-81所示。不同过渡效果的应用示例如图3-82所示。

图3-81

翻页　　　　　　　　　　　　　　　　　　　　页面剥落

图3-82

项目实践　**添加剪纸短片的转场**

项目要点　使用"导入"命令导入素材文件，使用"速度/持续时间"命令调整素材的播放速度和持续时间，使用"交叉溶解"效果和"白场过渡"效果制作视频之间的过渡，使用"效果控件"面板调整过渡效果。最终效果参看学习资源中的"项目3\添加剪纸短片的转场\添加剪纸短片的转场.prproj"，如图3-83所示。

图3-83

课后习题　添加中秋纪念电子相册的转场

习题要点 使用"导入"命令导入素材，使用"内滑"效果、"Split"效果、"翻页"效果和"交叉缩放"效果制作素材之间的过渡效果，使用"效果控件"面板调整过渡效果。最终效果参看学习资源中的"项目3\添加中秋纪念电子相册的转场\添加中秋纪念电子相册的转场. prproj"，如图3-84所示。

图3-84

项目 4

应用视频效果

本项目主要介绍Premiere Pro 2024中的视频效果，这些效果可以应用在视频、图片和字幕上。通过对本项目的学习，读者可以快速了解并掌握视频效果的应用技巧，创造出丰富多彩的视觉效果。

学习目标

● 掌握使用关键帧控制效果的方法。

● 掌握视频效果的应用方法。

技能目标

● 掌握"影视宣传片的落花效果"的制作方法。

● 掌握"皮影戏宣传片的视频效果"的制作方法。

素养目标

● 培养能够有效解决问题的能力。

● 培养能够正确应用视频效果的能力。

● 培养能够创意设计出独特效果的能力。

任务4.1 掌握关键帧的使用

本任务主要是让读者通过任务实践学习关键帧和视频效果的基本使用方法，通过了解任务知识掌握如何添加、选择和编辑关键帧。

任务实践 制作影视宣传片的落花效果

任务目标 学习使用关键帧制作落花效果。

任务要点 使用"导入"命令导入素材文件，使用"位置""缩放"和"旋转"选项编辑图像并制作动画效果。最终效果参看学习资源中的"项目4\制作影视宣传片的落花效果\制作影视宣传片的落花效果.prproj"，如图4-1所示。

图4-1

任务制作

01 启动Premiere Pro 2024，选择"文件 > 新建 > 项目"命令，进入"导入"界面，如图4-2所示，单击"创建"按钮，新建项目。选择"文件 > 新建 > 序列"命令，弹出"新建序列"对话框，切换到"设置"选项卡，选项设置如图4-3所示，单击"确定"按钮，新建序列。

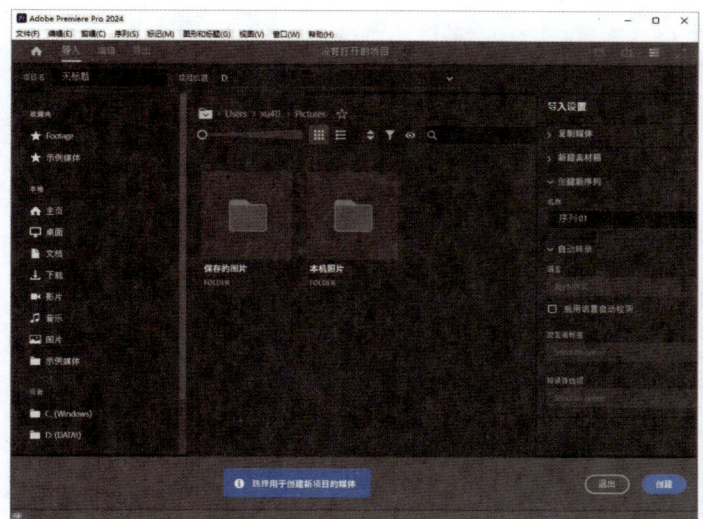

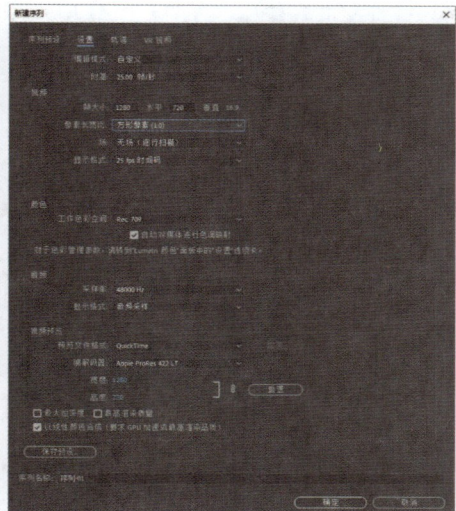

图4-2　　　　　　　　　　　　　　　　　　　　　　　图4-3

02 选择"文件 > 导入"命令，弹出"导入"对话框，选择本书学习资源中的"项目4\制作影视宣传片的落花效果\素材"目录下的"01"和"02"文件，如图4-4所示，单击"打开"按钮，将素材文件导入"项目"面板中，如图4-5所示。

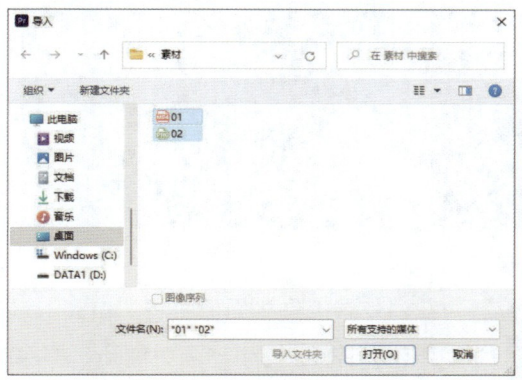

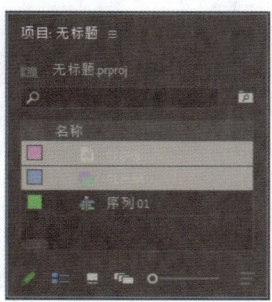

图4-4　　　　　　　　　　　　　　　　图4-5

03 在"项目"面板中，选中"01"文件并将其拖曳到"时间轴"面板中的"V1"轨道中，弹出"剪辑不匹配警告"对话框，单击"保持现有设置"按钮，在保持现有序列设置的情况下将文件放置在"V1"轨道中，如图4-6所示。将播放指示器移动至00:00:07:23的位置，如图4-7所示。

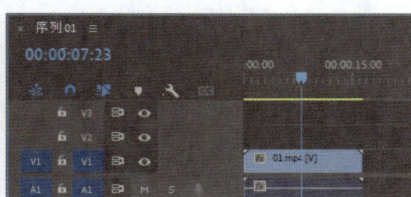

图4-6　　　　　　　　　　　　　　　　图4-7

04 选择"波纹编辑"工具 ，将鼠标指针放置在"01"文件的开始位置，当鼠标指针呈 状时单击，显示编辑点，拖曳编辑点到播放指示器所处的位置上，如图4-8所示。将播放指示器移动至00:00:00:04的位置，在"项目"面板中选中"02"文件，并将其拖曳到"时间轴"面板中的"V2"轨道中，如图4-9所示。

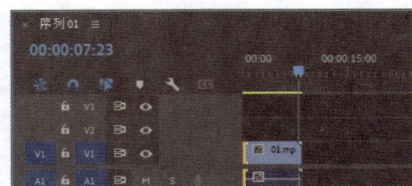
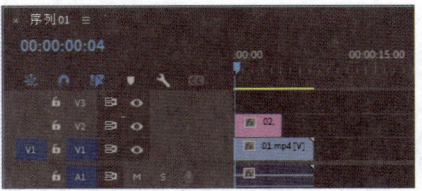

图4-8　　　　　　　　　　　　　　　　　图4-9

05 在"时间轴"面板中选择"V2"轨道中的"02"文件。在"效果控件"面板中展开"运动"选项，将"位置"选项设置为291和140，"缩放"选项设置为10，"旋转"选项设置为-36°，单击"位置"选项左侧的"切换动画"按钮 ，如图4-10所示，记录第1个动画关键帧。将播放指示器移动至00:00:01:04的位置，在"效果控件"面板中将"位置"选项设置为222和281.2，记录第2个动画关键帧。单击"旋转"选项左侧的"切换动画"按钮 ，如图4-11所示，记录第1个动画关键帧。

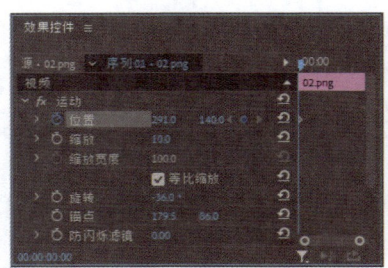

图4-10　　　　　　　　　　　　　　　　　图4-11

06 将播放指示器移动至00:00:02:10的位置，在"效果控件"面板中将"位置"选项设置为313.1和432.5，"旋转"选项设置为35°，如图4-12所示，记录第3个动画关键帧。将播放指示器移动至00:00:03:19的位置，在"效果控件"面板中将"位置"选项设置为216.4和598，"旋转"选项设置为-36°，如图4-13所示，记录第4个动画关键帧。

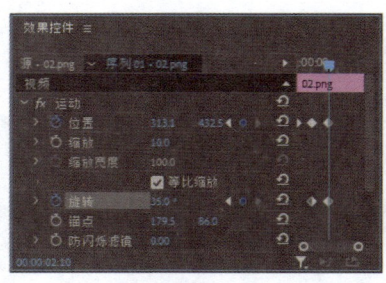
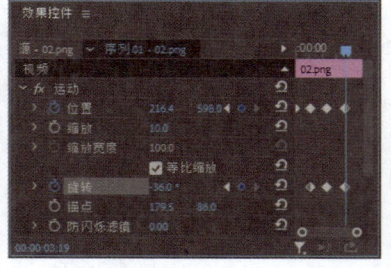

图4-12　　　　　　　　　　　　　　　　　图4-13

07 将播放指示器移动至00:00:04:23的位置，在"效果控件"面板中将"位置"选项设置为291和739，"旋转"选项设置为35°，如图4-14所示，记录第5个动画关键帧。将播放指示器移动至00:00:01:15的位置，在"项目"面板中，选中"02"文件并将其拖曳到"时间轴"面板中的"V3"轨道中，如图4-15所示。

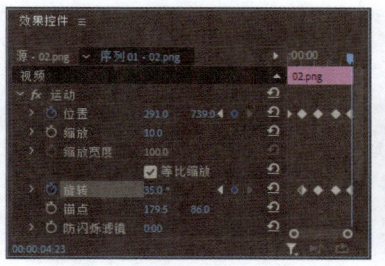

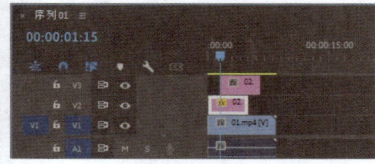

图4-14　　　　　　　　　　　　图4-15

08 在"时间轴"面板中选择"V3"轨道中的"02"文件。在"效果控件"面板中展开"运动"选项，将"位置"选项设置为619和61，"缩放"选项设置为10，"旋转"选项设置为-36°，单击"位置"选项左侧的"切换动画"按钮 ，如图4-16所示，记录第1个动画关键帧。将播放指示器移动至00:00:02:19的位置，在"效果控件"面板中将"位置"选项设置为469和281.2，记录第2个动画关键帧。单击"旋转"选项左侧的"切换动画"按钮 ，如图4-17所示，记录第1个动画关键帧。

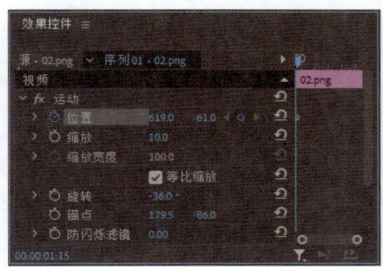

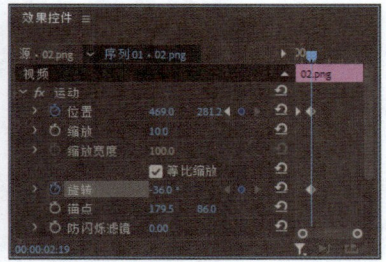

图4-16　　　　　　　　　　　　图4-17

09 将播放指示器移动至00:00:04:00的位置，在"效果控件"面板中将"位置"选项设置为573.1和432.5，"旋转"选项设置为35°，如图4-18所示，记录第3个动画关键帧。将播放指示器移动至00:00:05:09的位置，在"效果控件"面板中将"位置"选项设置为745.4和598，"旋转"选项设置为-36°，如图4-19所示，记录第4个动画关键帧。

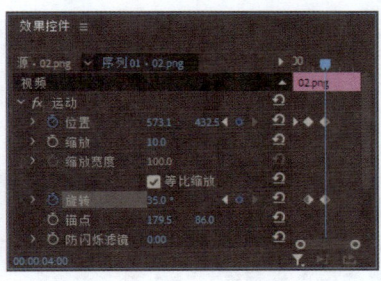

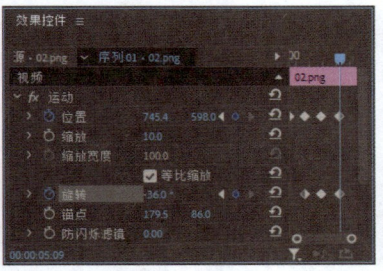

图4-18　　　　　　　　　　　　图4-19

10 将播放指示器移动至00:00:06:12的位置，在"效果控件"面板中将"位置"选项设置为689.1和734.4，"旋转"选项设置为32.6°，如图4-20所示，记录第5个动画关键帧。将播放指示器移动至00:00:03:19的位置，将"项目"面板中的"02"文件拖曳到"时间轴"面板上方的空白处，在轨道中生成"V4"轨道并将"02"文件放置到"V4"轨道中，如图4-21所示。

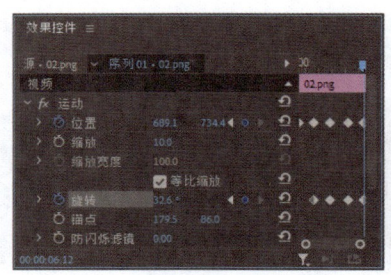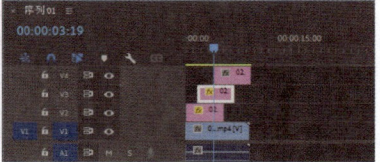

图4-20 图4-21

11 在"时间轴"面板中选择"V4"轨道中的"02"文件。在"效果控件"面板中展开"运动"选项，将"位置"选项设置为840和198，"缩放"选项设置为10，"旋转"选项设置为-51°，单击"位置"和"旋转"选项左侧的"切换动画"按钮○，如图4-22所示，记录第1个动画关键帧。将播放指示器移动至00:00:04:17的位置，在"效果控件"面板中将"位置"选项设置为733和286.2，"旋转"选项设置为-36°，如图4-23所示，记录第2个动画关键帧。

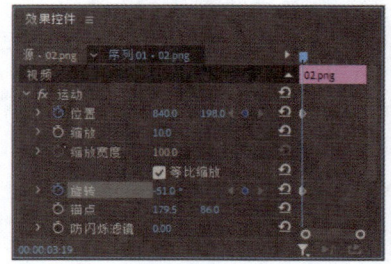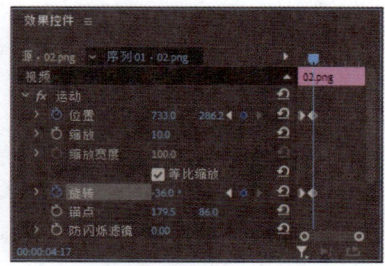

图4-22 图4-23

12 将播放指示器移动至00:00:05:23的位置，在"效果控件"面板中将"位置"选项设置为573和432.5，"旋转"选项设置为35°，如图4-24所示，记录第3个动画关键帧。将播放指示器移动至00:00:07:07的位置，在"效果控件"面板中将"位置"选项设置为745.4和598，"旋转"选项设置为-36°，如图4-25所示，记录第4个动画关键帧。

13 将播放指示器移动至00:00:08:10的位置，在"效果控件"面板中将"位置"选项设置为689.1和734.4，"旋转"选项设置为32.6°，如图4-26所示，记录第5个动画关键帧。影视宣传片的落花效果制作完成。

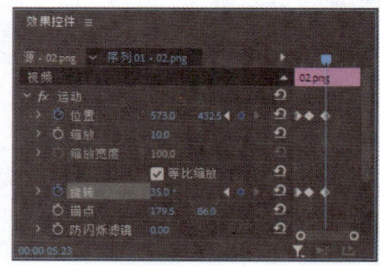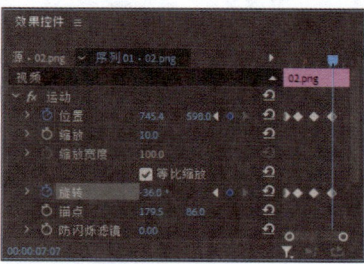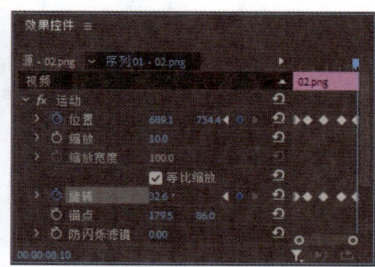

图4-24 图4-25 图4-26

任务知识

4.1.1　应用视频效果

为素材添加一个视频效果很简单，只需从"效果"面板中拖曳一个效果到"时间轴"面板的素材片段上即可。如果素材片段处于被选中状态，也可以双击"效果"面板中的效果或直接将效果拖曳到该素材片段的"效果控件"面板中。

4.1.2　关于关键帧

若想使效果随时间产生变化，可以使用关键帧技术。当创建了一个关键帧后，就可以指定一个效果属性在确切时间点上的值。当为多个关键帧赋予不同的值时，Premiere Pro 2024会自动计算关键帧之间的值，这个处理过程被称为"插补"。大多数标准效果都可以在素材的整个时间长度中设置关键帧。对于固定效果，如位置和缩放，可以设置关键帧，使素材产生动画效果，也可以移动、复制或删除关键帧和改变插补的模式。

4.1.3　激活关键帧

要设置动画效果属性，必须先激活属性的关键帧，任何支持关键帧的效果属性都有"切换动画"按钮 ，单击该按钮可插入一个关键帧。插入关键帧（即激活关键帧）后，就可以添加和调整素材所需的属性，效果如图4-27所示。

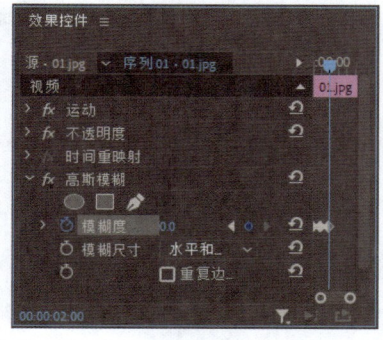

图4-27

任务4.2　掌握不同效果的应用

本任务主要是让读者通过任务实践学习不同视频效果的使用，通过了解任务知识熟悉不同的效果类型，以便在以后的工作中更加便捷地查找使用。

任务实践 制作皮影戏宣传片的视频效果

任务目标 学习使用不同的效果制作视频的效果。

任务要点 使用"导入"命令导入素材文件，使用"杂色"效果调整视频的杂波和噪点，使用"放大"效果调整视频画面的局部大小，使用"高斯模糊"效果制作文字的模糊效果，使用"调整图层"、"自动色阶"效果、"RGB曲线"效果调整视频的画面颜色，使用"效果控件"面板制作视频动画。最终效果参看学习资源中的"项目4\制作皮影戏宣传片的视频效果\制作皮影戏宣传片的视频效果.prproj"，如图4-28所示。

图4-28

任务制作

01 启动Premiere Pro 2024，选择"文件 > 新建 > 项目"命令，进入"导入"界面，如图4-29所示，单击"创建"按钮，新建项目。选择"文件 > 新建 > 序列"命令，弹出"新建序列"对话框，切换到"设置"选项卡，选项设置如图4-30所示，单击"确定"按钮，新建序列。

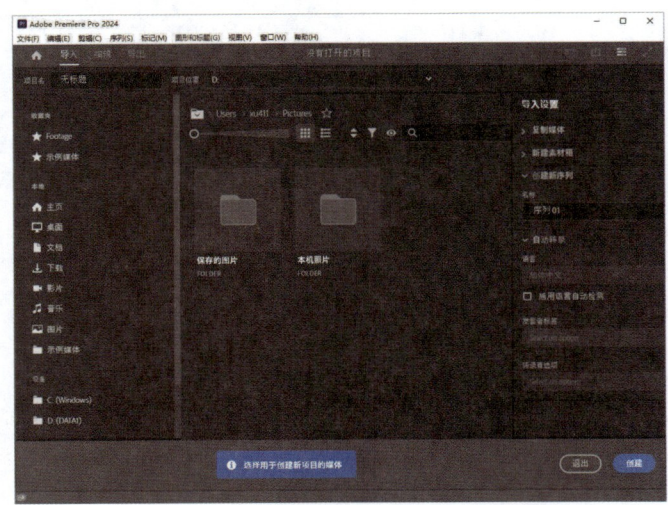

图4-29

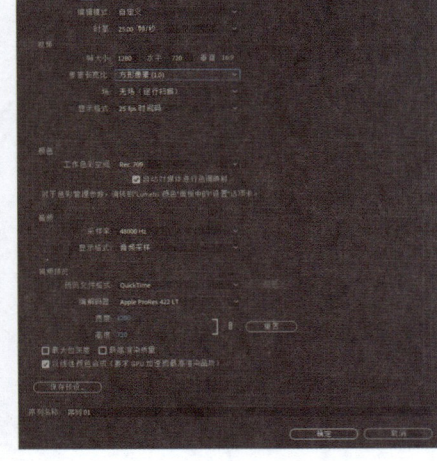

图4-30

02 选择"文件 > 导入"命令，弹出"导入"对话框，选择本书学习资源中的"项目4\制作皮影戏宣传片的视频效果\素材"目录中的"01"~"04"文件，如图4-31所示，单击"打开"按钮，将素材文件导入"项目"面板中，如图4-32所示。

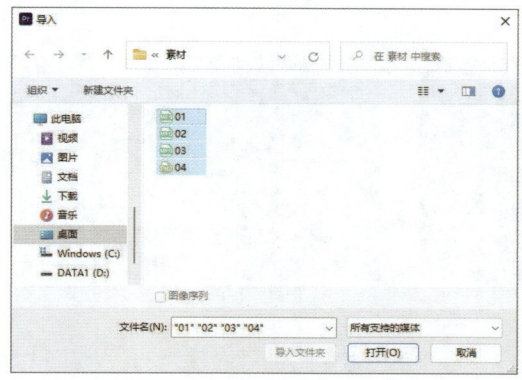
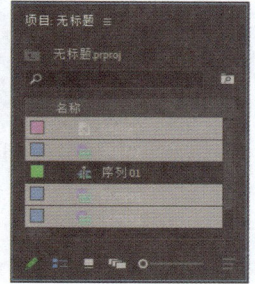

图4-31　　　　　　　　　　　　　　图4-32

03 在"项目"面板中，选中"01"文件并将其拖曳到"时间轴"面板中的"V1"轨道中，如图4-33所示。按住Alt键的同时，选择下方的音频，如图4-34所示。按Delete键删除音频，如图4-35所示。在"项目"面板中，选中"02"文件并将其拖曳到"时间轴"面板中的"V1"轨道中，如图4-36所示。

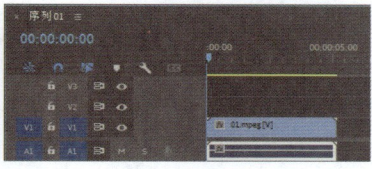

图4-33　　　　　　　　　　　　　　图4-34

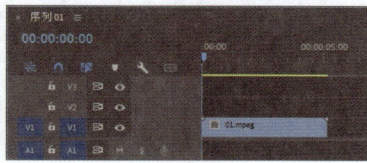
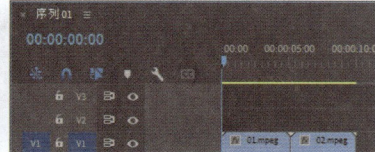

图4-35　　　　　　　　　　　　　　图4-36

04 在"项目"面板中，选中"03"文件并将其拖曳到"时间轴"面板中的"V1"轨道中，如图4-37所示。切换到"效果"面板，展开"视频效果"分类选项，单击"杂色与颗粒"文件夹左侧的 按钮将其展开，选中"杂色"效果，如图4-38所示。将"杂色"效果拖曳到"时间轴"面板"V1"轨道中的"01"文件上。

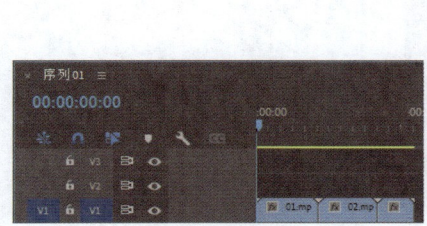
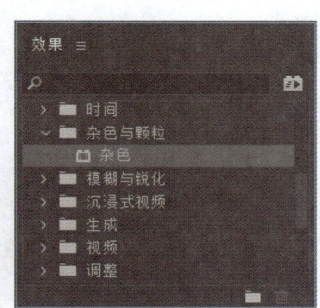

图4-37　　　　　　　　　　　　　　图4-38

05 切换到"效果控件"面板，展开"杂色"选项，取消勾选"使用颜色杂色"复选框，将"杂色数量"选项设置为30%，单击"杂色数量"选项左侧的"切换动画"按钮，如图4-39所示，记录第1个动画关键帧。将播放指示器移动至00:00:02:24的位置，将"杂色数量"选项设置为23.3%，如图4-40所示，记录第2个动画关键帧。

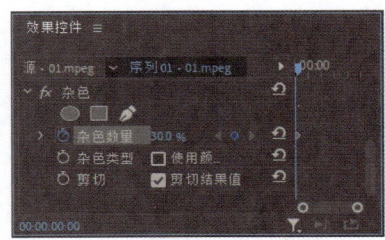
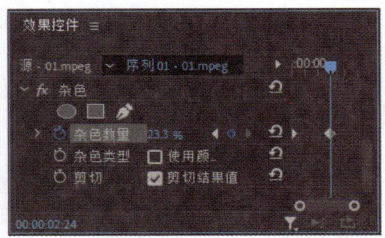

图4-39   图4-40

06 将播放指示器移动至00:00:03:19的位置，将"杂色数量"选项设置为0%，如图4-41所示，记录第3个动画关键帧。切换到"效果"面板，单击"扭曲"文件夹左侧的▶按钮将其展开，选中"放大"效果，如图4-42所示。将"放大"效果拖曳到"时间轴"面板"V1"轨道中的"02"文件上。

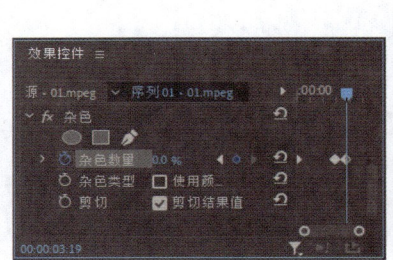
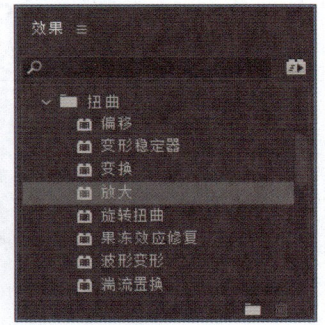

图4-41   图4-42

07 将播放指示器移动至00:00:05:05的位置，切换到"效果控件"面板，展开"放大"选项，将"大小"选项设置为1，单击"大小"选项左侧的"切换动画"按钮，如图4-43所示，记录第1个动画关键帧。将播放指示器移动至00:00:06:08的位置，将"大小"选项设置为750，如图4-44所示，记录第2个动画关键帧。

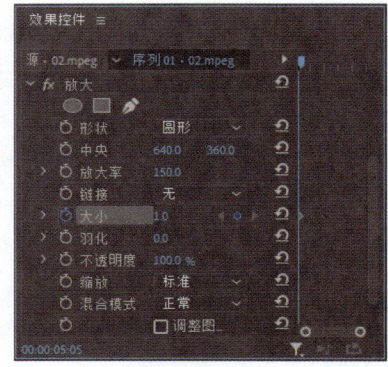
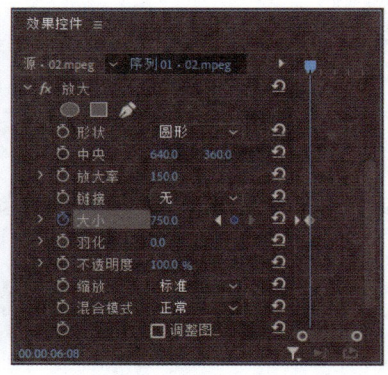

图4-43   图4-44

08 在 "项目" 面板中，选中 "04" 文件并将其拖曳到 "时间轴" 面板中的 "V2" 轨道中，如图4-45所示。切换到 "效果" 面板，单击 "模糊与锐化" 文件夹左侧的 ▶ 按钮将其展开，选中 "高斯模糊" 效果，如图4-46所示。将 "高斯模糊" 效果拖曳到 "时间轴" 面板 "V2" 轨道中的 "04" 文件上。

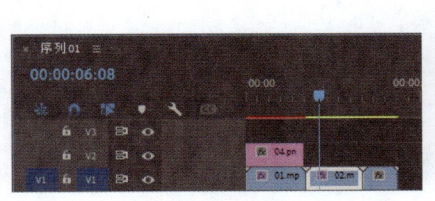
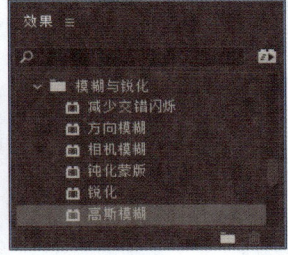

图4-45　　　　　　　　　　图4-46

09 将播放指示器移动至00:00:00:00的位置，切换到 "效果控件" 面板，展开 "高斯模糊" 选项，取消勾选 "重复边缘像素" 复选框，将 "模糊度" 选项设置为500，单击 "模糊度" 选项左侧的 "切换动画" 按钮 ⏱，如图4-47所示，记录第1个动画关键帧。将播放指示器移动至00:00:00:18的位置，将 "模糊度" 选项设置为0，如图4-48所示，记录第2个动画关键帧。

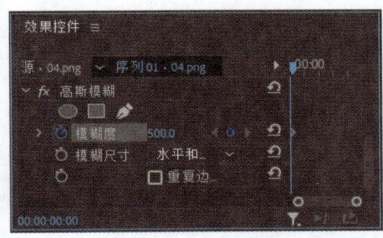
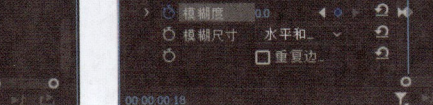

图4-47　　　　　　　　　　图4-48

10 切换到 "项目" 面板。选择 "文件 > 新建 > 调整图层" 命令，弹出对话框，如图4-49所示，单击 "确定" 按钮，在 "项目" 面板中新建一个调整图层，如图4-50所示。

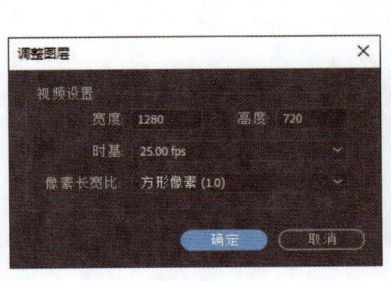

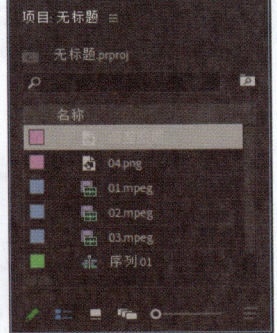

图4-49　　　　　　　　　　图4-50

11 选择 "项目" 面板中的 "调整图层"，将其拖曳到 "时间轴" 面板中的 "V3" 轨道中，如图4-51所示。将鼠标指针放在 "调整图层" 文件的结束位置并单击，显示编辑点。当鼠标指针呈 ◄| 状时，单击并向右拖曳鼠标指针到与 "03" 文件的结束位置齐平，如图4-52所示。

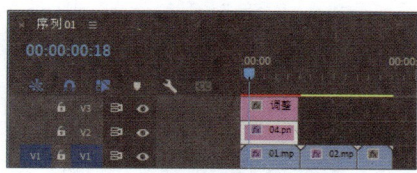

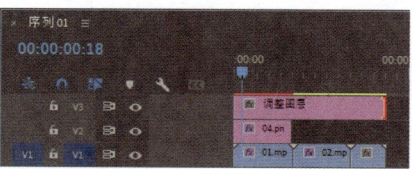

图4-51 图4-52

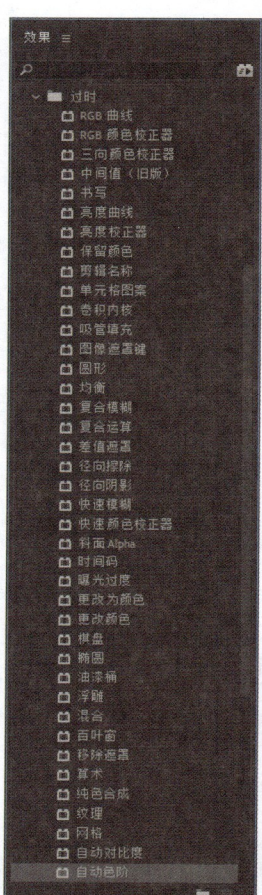

图4-53

12 切换到"效果"面板，单击"过时"文件夹左侧的 ▶ 按钮将其展开，选中"自动色阶"效果，如图4-53所示。将"自动色阶"效果拖曳到"时间轴"面板"V3"轨道中的"调整图层"文件上。切换到"效果控件"面板，展开"自动色阶"选项，将"减少黑色素"选项设置为0.3%，如图4-54所示。

13 切换到"效果"面板，选中"RGB曲线"效果，如图4-55所示。将"RGB曲线"效果拖曳到"时间轴"面板"V3"轨道中的"调整图层"文件上。切换到"效果控件"面板，展开"RGB曲线"选项，选项的设置如图4-56所示。皮影戏宣传片的视频效果制作完成。

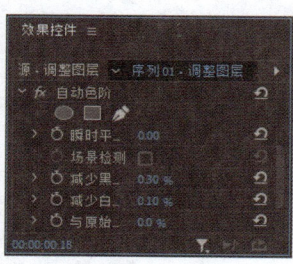

图4-54

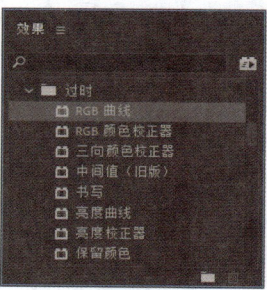

图4-55

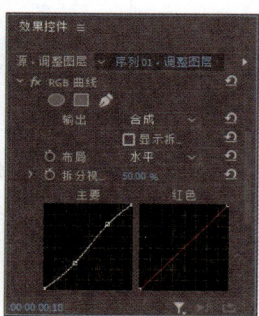

图4-56

任务知识

4.2.1 "变换"效果

　　"变换"效果主要通过对影像进行变换来制作出各种画面效果，共包含5种，如图4-57所示。不同"变换"效果的应用示例如图4-58所示。

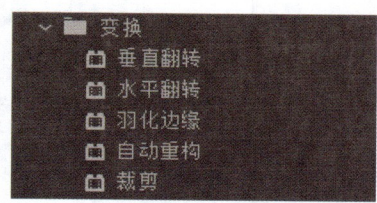

图4-57

原图　　　　　　　　　　垂直翻转　　　　　　　　　　水平翻转

羽化边缘　　　　　　　　自动重构　　　　　　　　　　裁剪

图4-58

4.2.2　"实用程序"效果

　　"实用程序"效果只包含"Cineon转换器"一种，该效果可以使用Cineon转换器对影像色调进行调整和设置，如图4-59所示。"Cineon转换器"效果的应用示例如图4-60所示。

图4-59

原图　　　　　　　　　　　　　　　　　　Cineon转换器

图4-60

4.2.3　"扭曲"效果

　　"扭曲"效果主要通过对图像进行几何扭曲变形来制作出各种画面变形效果，共包含12种，如图4-61所示。不同"扭曲"效果的应用示例如图4-62所示。

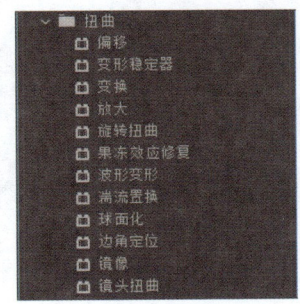

图4-61

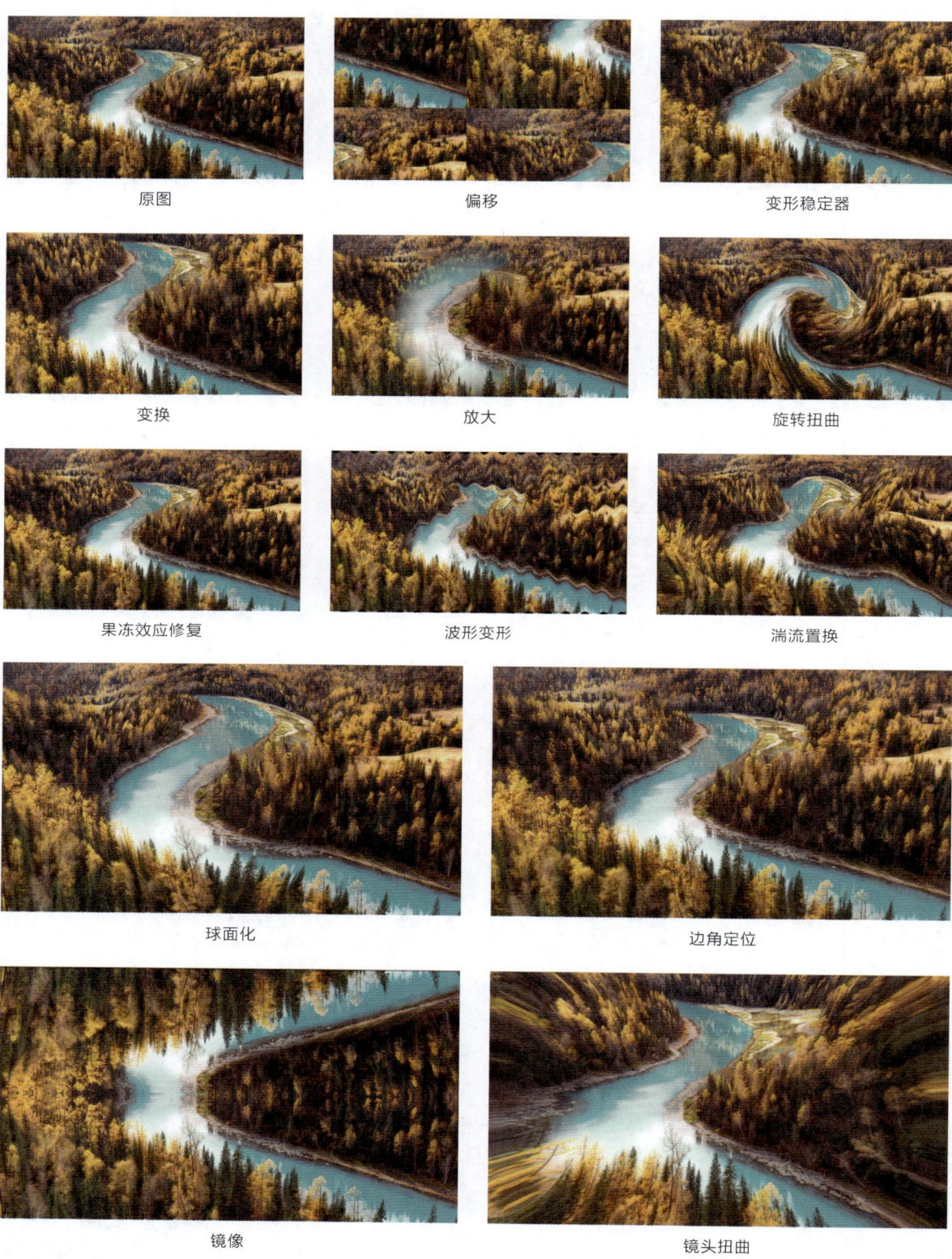

原图　　　　　　　偏移　　　　　　　变形稳定器

变换　　　　　　　放大　　　　　　　旋转扭曲

果冻效应修复　　　波形变形　　　　　湍流置换

球面化　　　　　　　　　　边角定位

镜像　　　　　　　　　　　镜头扭曲

图4-62

4.2.4　"时间"效果

"时间"效果用于对素材的时间特性进行控制，共包含两种，如图4-63所示。不同"时间"效果的应用示例如图4-64所示。

图4-63

原图

抽帧

残影

图4-64

4.2.5　"杂色与颗粒"效果

"杂色与颗粒"效果主要用于在素材画面中添加模拟的颗粒感或杂色，只包含"杂色"一种，如图4-65所示。"杂色"效果的应用示例如图4-66所示。

图4-65

原图

杂色

图4-66

4.2.6　"模糊与锐化"效果

"模糊与锐化"效果主要用于对镜头画面进行模糊或锐化处理，共包含6种，如图4-67所示。不同"模糊与锐化"效果的应用示例如图4-68所示。

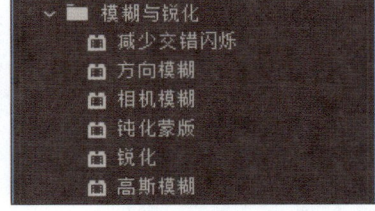

图4-67

原图

减少交错闪烁

方向模糊

相机模糊

钝化蒙版

锐化

高斯模糊

图4-68

4.2.7 "沉浸式视频"效果

"沉浸式视频"效果主要通过虚拟现实技术实现，能够使观众体验到身临其境的虚拟现实效果，共包含11种，如图4-69所示。不同"沉浸式视频"效果的应用示例如图4-70所示。

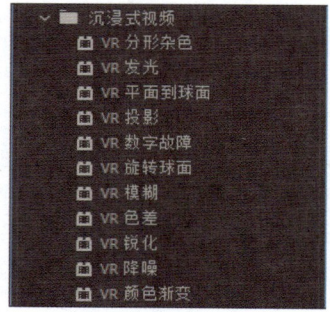

图4-69

原图	VR分形杂色	VR发光
VR平面到球面	VR投影	VR数字故障
VR旋转球面	VR模糊	VR色差
VR锐化	VR降噪	VR颜色渐变

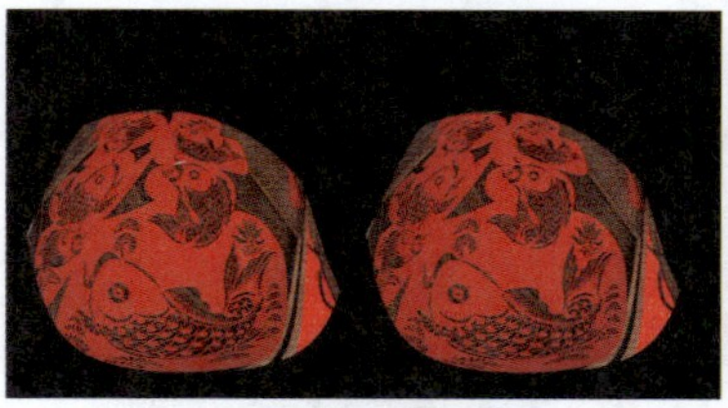

图4-70

4.2.8 "生成"效果

"生成"效果共包含4种，如图4-71所示。不同"生成"效果的应用示例如图4-72所示。

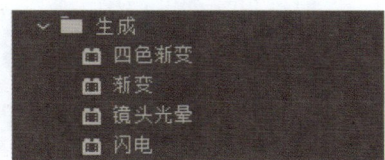

图4-71

原图　　　　　　　　　四色渐变　　　　　　　　　渐变

镜头光晕　　　　　　　　　　　　　　　闪电

图4-72

4.2.9 "视频"效果

"视频"效果用于对视频特性进行控制，共包含3种，如图4-73所示。不同"视频"效果的应用示例如图4-74所示。

图4-73

原图　　　　　　　　　　　　SDR遵从情况

元数据和时间码预烧　　　　　　　简单文本

图4-74

4.2.10　"过渡"效果

"过渡"效果主要用于在两个素材之间进行过渡变化，共包含3种，如图4-75所示。不同"过渡"效果的应用示例如图4-76所示。

原图

块溶解

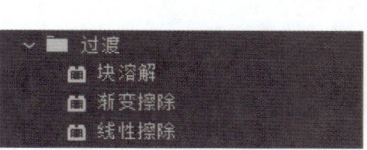

图4-75

渐变擦除

线性擦除

图4-76

4.2.11　"透视"效果

"透视"效果主要用于制作三维透视效果，使素材产生立体感或空间感，共包含两种，如图4-77所示。不同"透视"效果的应用示例如图4-78所示。

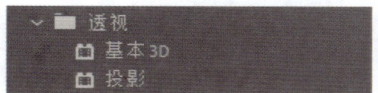

图4-77

原图

基本3D

投影

图4-78

4.2.12　"通道"效果

"通道"效果可以对素材的通道进行处理，以实现图像颜色、色调、饱和度和亮度等属性的改变，只包含"反转"一种，如图4-79所示。"反转"效果的应用示例如图4-80所示。

图4-79

原图

反转

图4-80

4.2.13 "风格化"效果

"风格化"效果主要用于模拟一些美术风格，以实现丰富的画面效果，共包含9种，如图4-81所示。不同"风格化"效果的应用示例如图4-82所示。

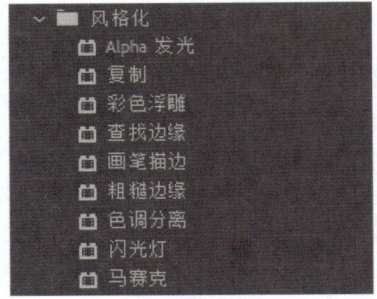

图4-81

原图

Alpha发光

复制

彩色浮雕

查找边缘

画笔描边

粗糙边缘

色调分离

闪光灯

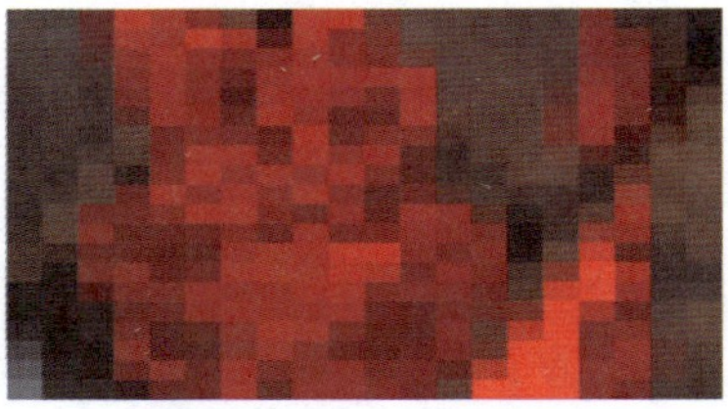

马赛克

图4-82

4.2.14　"预设"效果

1. "模糊"效果

预设的"模糊"效果主要用于制作画面的快速模糊效果，共包含两种，如图4-83所示。不同"模糊"效果的应用示例如图4-84所示。

图4-83

快速模糊入点

快速模糊出点

图4-84

2. "画中画"效果

预设的"画中画"效果主要用于制作画面的位置和比例缩放效果，共包含38种，如图4-85所示。部分"画中画"效果的应用示例如图4-86所示。

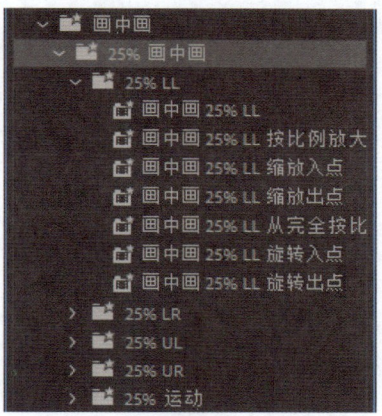

图4-85

画中画25%LL按比例放大至完全

画中画25%UR旋转入点

画中画25%LR至LL

图4-86

3."马赛克"效果

预设的"马赛克"效果主要用于制作画面的马赛克效果，共包含两种，如图4-87所示。不同"马赛克"效果的应用示例如图4-88所示。

图4-87

马赛克入点

马赛克出点

图4-88

4. "扭曲"效果

预设的"扭曲"效果主要用于制作画面的扭曲效果,共包含两种,如图4-89所示。不同"扭曲"效果的应用示例如图4-90所示。

图4-89

扭曲入点

扭曲出点

图4-90

5. "卷积内核"效果

预设的"卷积内核"效果主要通过运算改变影片素材中每个像素的颜色和亮度值,从而改变图像的质感,共包含10种,如图4-91所示。不同"卷积内核"效果的应用示例如图4-92所示。

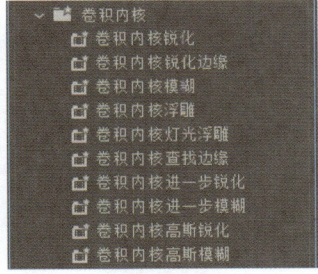

图4-91

原图　　　　　　　　　　　卷积内核锐化　　　　　　　　　　卷积内核锐化边缘

图4-92

卷积内核模糊

卷积内核浮雕

卷积内核灯光浮雕

卷积内核查找边缘

卷积内核进一步锐化

卷积内核进一步模糊

卷积内核高斯锐化

卷积内核高斯模糊

图4-92（续）

6. "斜角边"效果

预设的"斜角边"效果主要用于制作画面的斜角边效果，共包含两种，如图4-93所示。不同"斜角边"效果的应用示例如图4-94所示。

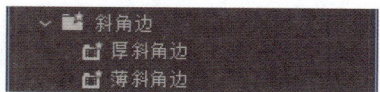

图4-93

原图 厚斜角边 薄斜角边

图4-94

7. "过度曝光"效果

预设的"过度曝光"效果主要用于制作画面的过度曝光效果，共包含两种，如图4-95所示。不同"过度曝光"效果的应用示例如图4-96所示。

图4-95

过度曝光入点

过度曝光出点

图4-96

项目实践　制作城市宣传片的镜像效果

项目要点　使用"导入"命令导入素材文件，使用"速度/持续时间"命令调整视频播放速度，使用"交叉缩放"效果制作视频过渡效果，使用"镜像"效果制作视频的镜像效果，使用"彩色浮雕"效果和"投影"效果制作立体字幕效果。最终效果参看学习资源中的"项目4\制作城市宣传片的镜像效果\制作城市宣传片的镜像效果.prproj"，如图4-97所示。

图4-97

课后习题 制作文物展宣传片的视频效果

习题要点　使用"导入"命令导入素材文件，使用"调整图层"、"自动色阶"效果、"自动颜色"效果和"RGB曲线"效果调整视频的画面颜色，使用"复合模糊"效果和"投影"效果制作字幕动画。最终效果参看学习资源中的"项目4\制作文物展宣传片的视频效果\制作文物展宣传片的视频效果.prproj"，如图4-98所示。

图4-98

项目 5

调色、叠加与键控

本项目主要讲解在Premiere Pro 2024中对素材进行调色、叠加与键控的基本方法。调色、叠加与键控属于Premiere Pro 2024中较高级的应用，它们可以使影片产生完美的画面效果。学习本项目内容后，读者可以更好地掌握调色、叠加与键控技术，制作出更优秀的作品。

学习目标

- 掌握视频调色技术。
- 熟练掌握叠加技术。
- 掌握键控技术。

技能目标

- 掌握"田间美景短视频的画面颜色"的调整方法。
- 掌握"抠出蝴蝶素材并合成到栏目片头"的方法。

素养目标

- 培养具有分析不同颜色和色调的能力。
- 培养应用设计方法恰当表现效果的能力。
- 培养能够通过不断实践和尝试积极探索的能力。

任务5.1 掌握不同的视频调色效果

本任务主要是让读者通过任务实践学习不同调色效果的使用，通过了解任务知识掌握"图像控制""调整""过时""颜色校正""Lumetri预设"等多种调色效果的使用方法。

任务实践 调整田间美景短视频的画面颜色

任务目标 使用多个效果调整短视频的画面颜色。

任务要点 使用"导入"命令导入视频文件，使用"色阶"效果、"颜色平衡"效果、"更改颜色"效果、"Lumetri颜色"效果和"快速模糊入点"效果调整画面颜色，使用"投影"效果添加文字投影。最终效果参看学习资源中的"项目5\调整田间美景短视频的画面颜色\调整田间美景短视频的画面颜色.prproj"，如图5-1所示。

图5-1

任务制作

01 启动Premiere Pro 2024，选择"文件 > 新建 > 项目"命令，进入"导入"界面，如图5-2所示，单击"创建"按钮，新建项目。选择"文件 > 新建 > 序列"命令，弹出"新建序列"对话框，切换到"设置"选项卡，选项设置如图5-3所示，单击"确定"按钮，新建序列。

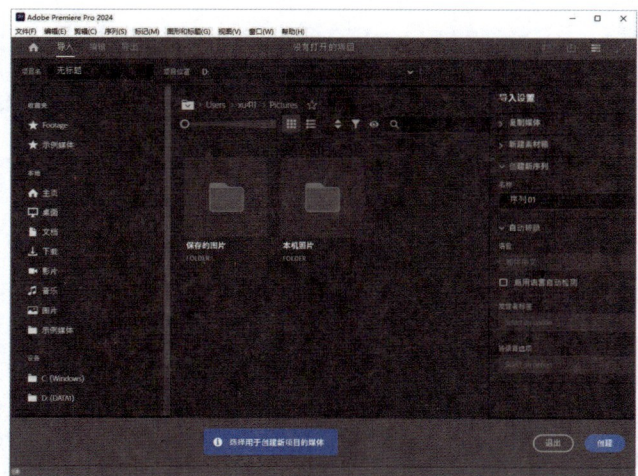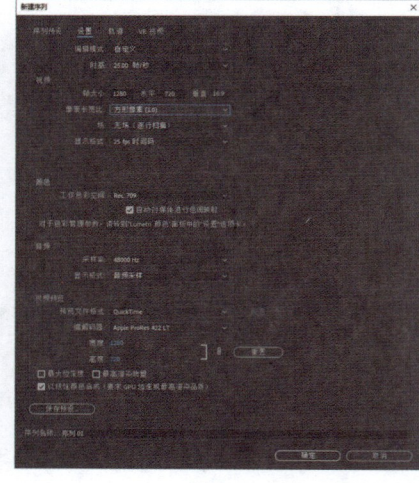

图5-2   图5-3

02 选择"文件 > 导入"命令，弹出"导入"对话框，选择本书学习资源中的"项目5\调整田间美景短视频的画面颜色\素材"目录下的"01"和"02"文件，如图5-4所示，单击"打开"按钮，将素材文件导入"项目"面板中，如图5-5所示。

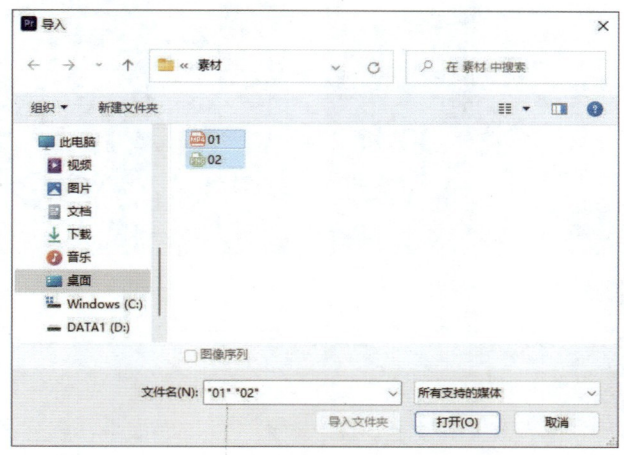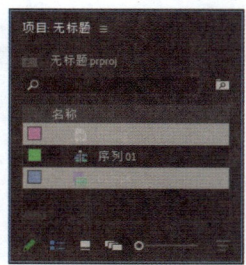

图5-4　　　　　　　　　　　　　　　　　图5-5

03 在"项目"面板中，选中"01"文件并将其拖曳到"时间轴"面板中的"V1"轨道中，弹出"剪辑不匹配警告"对话框，单击"保持现有设置"按钮，在保持现有序列设置的情况下将"01"文件放置在"V1"轨道中，如图5-6所示。

04 切换到"效果"面板，展开"视频效果"分类选项，单击"调整"文件夹左侧的 ❯ 按钮将其展开，选中"色阶"效果，如图5-7所示。将"色阶"效果拖曳到"时间轴"面板中的"01"文件上，如图5-8所示。

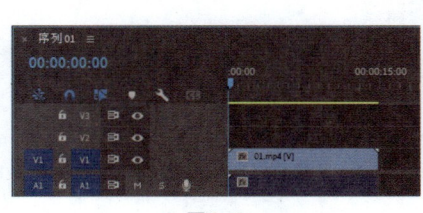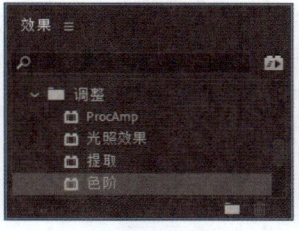

图5-6　　　　　　　　　　图5-7　　　　　　　　　　图5-8

05 在"效果控件"面板中，展开"色阶"效果，将"（RGB）输入黑色阶"选项设置为10，"（RGB）输入白色阶"选项设置为200，如图5-9所示。切换到"效果"面板，单击"颜色校正"文件夹左侧的 ❯ 按钮将其展开，选中"颜色平衡"效果，如图5-10所示。将"颜色平衡"效果拖曳到"时间轴"面板中的"01"文件上。在"效果控件"面板中，展开"颜色平衡"效果，选项的设置如图5-11所示。

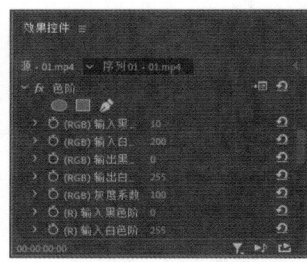
图5-9

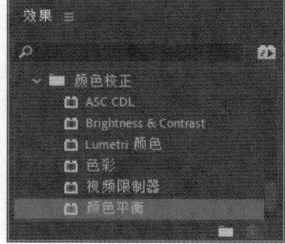
图5-10

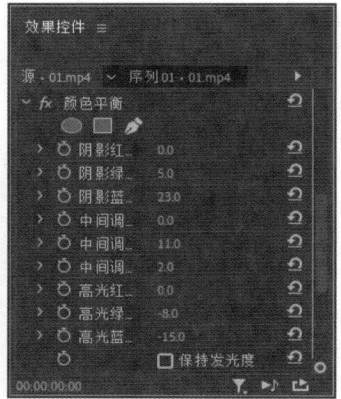
图5-11

06 切换到"效果"面板，单击"过时"文件夹左侧的▶按钮将其展开，选中"更改颜色"效果，如图5-12所示。将"更改颜色"效果拖曳到"时间轴"面板中的"01"文件上。在"效果控件"面板中，展开"更改颜色"效果，将"要更改的颜色"选项设置为黄色（254、254、0），其他选项的设置如图5-13所示。

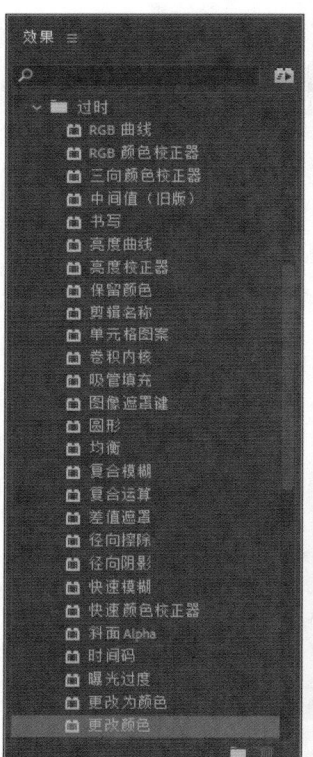
图5-12

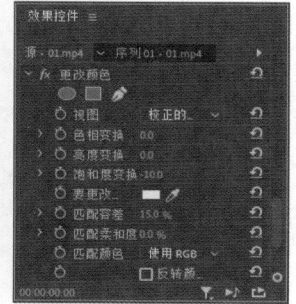
图5-13

07 切换到"效果"面板，选中"Lumetri颜色"效果，如图5-14所示。将"Lumetri颜色"效果拖曳到"时间轴"面板中的"01"文件上。将播放指示器移动至00:00:00:24的位置，在"效果控件"面板中，展开"Lumetri颜色"效果，单击"饱和度"选项左侧的"切换动画"按钮 ，如图5-15所示，记录第1个动画关键帧。将播放指示器移动至00:00:04:20的位置，将"饱和度"选项设置为180，如图5-16所示，记录第2个动画关键帧。

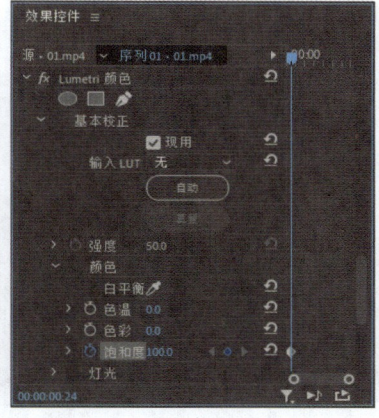

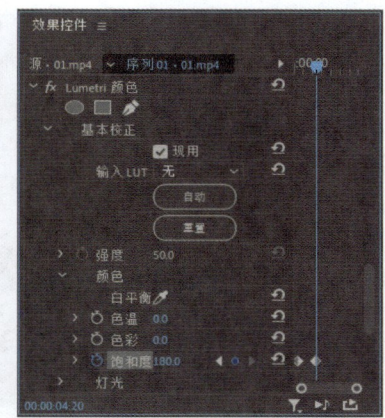

<table>
<tr><td>图5-14</td><td>图5-15</td><td>图5-16</td></tr>
</table>

08 切换到"效果"面板，展开"预设"分类选项，单击"模糊"文件夹左侧的▶按钮将其展开，选中"快速模糊入点"效果，如图5-17所示。将"快速模糊入点"效果拖曳到"时间轴"面板中的"01"文件上。

09 将播放指示器移动至00:00:00:00的位置，在"效果控件"面板中，展开"快速模糊（快速模糊入点）"效果，将"模糊度"选项设置为120，如图5-18所示。

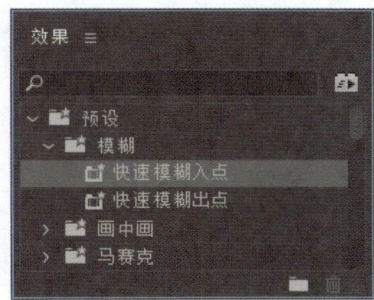

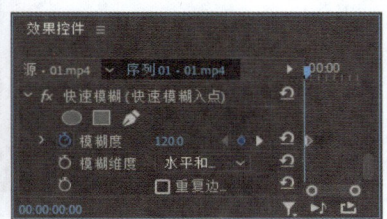

图5-17　　　　　　　　　　　　　　　图5-18

10 将播放指示器移动至00:00:00:14的位置，在"效果控件"面板右侧，选中第2个动画关键帧并将其拖曳到播放指示器所在的位置，如图5-19所示。将播放指示器移动至00:00:00:17的位置，在"项目"面板中，选中"02"文件并将其拖曳到"时间轴"面板中的"V2"轨道中，如图5-20所示。

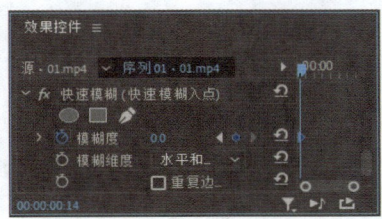

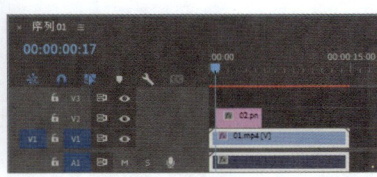

图5-19　　　　　　　　　　　　　　　图5-20

11 切换到"效果"面板，展开"视频效果"分类选项，单击"透视"文件夹左侧的▶按钮将其展开，选中"投影"效果，如图5-21所示。将"投影"效果拖曳到"时间轴"面板中的"02"文件上。在"效果控件"面板中，展开"投影"效果，将"柔和度"选项设置为13，其他设置如图5-22所示。田间美景短视频的画面颜色调整完成。

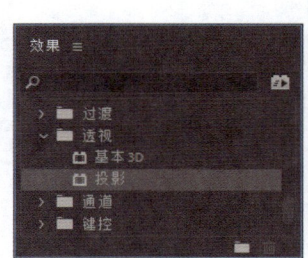

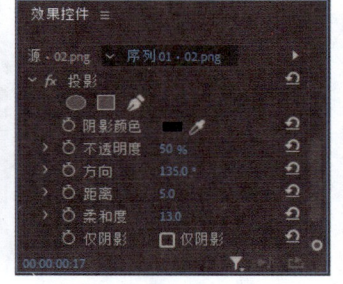

图5-21   图5-22

任务知识

5.1.1 "图像控制"效果

"图像控制"效果的主要用途是对素材的色彩进行处理。这种效果广泛应用于视频编辑中，可以处理一些前期拍摄中遗留的问题，还可以使素材达到某种预期的效果。"图像控制"效果是一组重要的视频效果，共包含4种，如图5-23所示。不同"图像控制"效果的应用示例如图5-24所示。

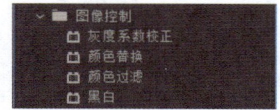

图5-23

原图

灰度系数校正

颜色替换

颜色过滤

黑白

图5-24

5.1.2　"调整"效果

"调整"效果可以调整素材画面的明暗度，并添加光照效果，共包含4种，如图5-25所示。不同"调整"效果的应用示例如图5-26所示。

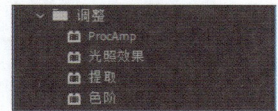

图5-25

原图

ProcAmp

光照效果

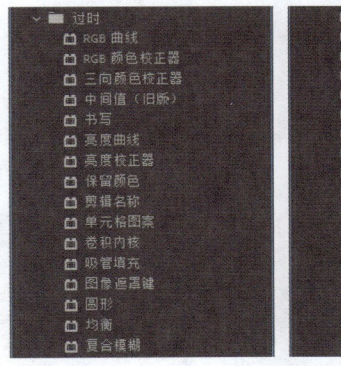

提取

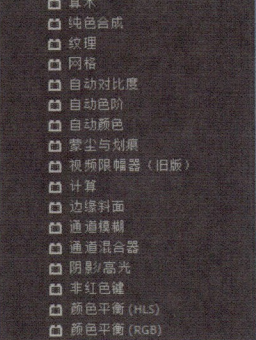

色阶

图5-26

5.1.3　"过时"效果

"过时"效果用于对视频进行颜色分级与校正，共包含51种，如图5-27所示。不同"过时"效果的应用示例如图5-28所示（此处展示了前17种效果，其他效果大家可以自行尝试）。

图5-27

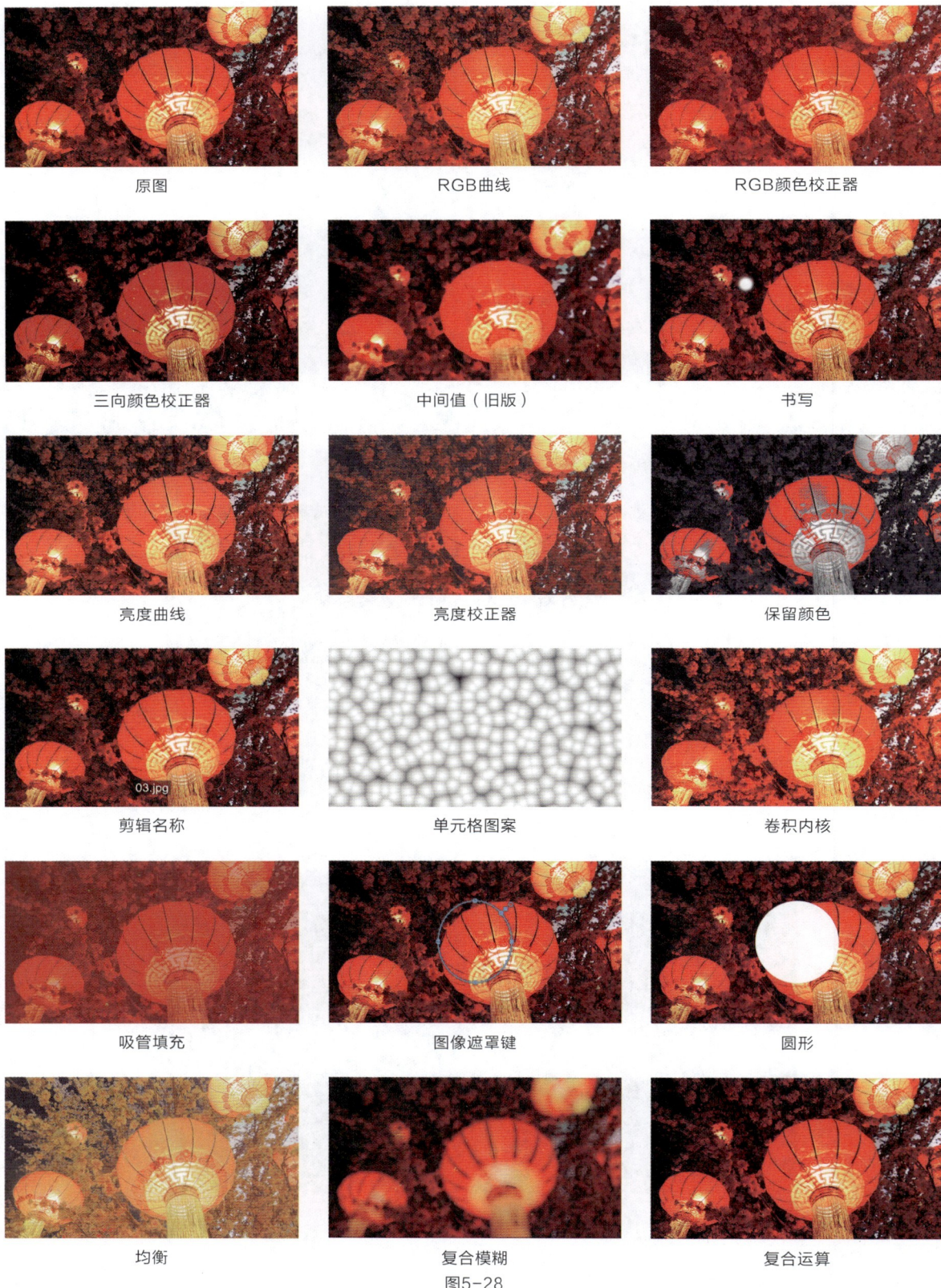

图5-28

5.1.4　"颜色校正"效果

　　"颜色校正"效果主要用于对视频素材进行颜色校正，共包含6种，如图5-29所示。不同"颜色校正"效果的应用示例如图5-30所示。

图5-29

原图

ASC CDL

Brightness & Contrast

Lumetri颜色

色彩

视频限制器

颜色平衡

图5-30

5.1.5　"Lumetri预设"效果

　　"Lumetri预设"效果主要用于对视频素材进行颜色调整，共包含五大类效果。

1.　"Filmstocks"视频效果

　　"Filmstocks"视频效果共包含5种，如图5-31所示。不同"Filmstocks"效果的应用示例如图5-32所示。

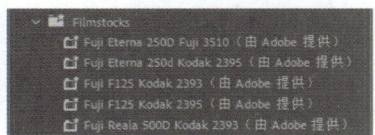

图5-31

101

原图

Fuji Eterna 250D Fuji 3510

Fuji Eterna 250d Kodak 2395

Fuji F125 Kodak 2393

Fuji F125 Kodak 2395

Fuji Reala 500D Kodak 2393

图5-32

2. "影片"视频效果

"影片"视频效果共包含7种，如图5-33所示。不同"影片"效果的应用示例如图5-34所示。

图5-33

原图

2 Strip

Cinespace 100

Cinespace 100 淡化胶片

Cinespace 25

Cinespace 25 淡化胶片

图5-34

Cinespace 50

Cinespace 50 淡化胶片

图5-34（续）

3. "SpeedLooks"视频效果

"SpeedLooks"文件夹中包含不同的子文件夹，如图5-35所示，共包含300种视频效果。部分
"SpeedLooks"效果的应用示例如图5-36所示。

图5-35

原图

SL清楚出拳NDR（Arri Alexa）

SL冰蓝（Arri Alexa）

SL亮蓝（BMC ProRes）

SL复古棕色（Canon 1D）

SL淘金LDR（Canon 7D）

图5-36

SL Noir 红波（RED-REDLOGFILM）

SL冷蓝（Universal）

图5-36（续）

4. "单色"视频效果

　　"单色"视频效果共包含7种，如图5-37所示。不同"单色"效果的应用示例如图5-38所示。

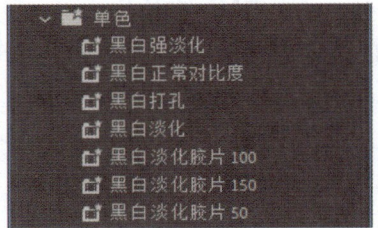

图5-37

原图

黑白强淡化

黑白正常对比度

黑白打孔

黑白淡化

黑白淡化胶片100

黑白淡化胶片150

黑白淡化胶片50

图5-38

5. "技术"视频效果

"技术"视频效果共包含6种,如图5-39所示。不同"技术"效果的应用示例如图5-40所示。

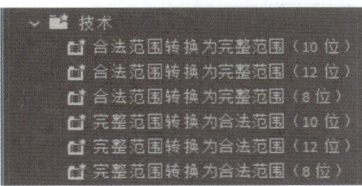

图5-39

原图

合法范围转换为完整范围(10位)

合法范围转换为完整范围(12位)

合法范围转换为完整范围(8位)

完整范围转换为合法范围(10位)

完整范围转换为合法范围(12位)

完整范围转换为合法范围(8位)

图5-40

任务5.2　掌握叠加与键控技术

本任务主要是让读者通过任务实践学习抠出素材并合并到作品的方法,通过了解任务知识熟悉叠加技术和不同的"键控"效果,以便在以后的工作中可以使视频通过"键控"效果产生更完美的画面合成效果。

任务实践　抠出蝴蝶素材并合成到栏目片头

任务目标　学习使用"超级键"效果抠出蝴蝶素材。

任务要点　使用"导入"命令导入素材文件，使用"超级键"效果抠出蝴蝶素材，使用"效果控件"面板制作文字动画。最终效果参看学习资源中的"项目5\抠出蝴蝶素材并合成到栏目片头\抠出蝴蝶素材并合成到栏目片头.prproj"，如图5-41所示。

图5-41

任务制作

01 启动Premiere Pro 2024，选择"文件 > 新建 > 项目"命令，进入"导入"界面，如图5-42所示，单击"创建"按钮，新建项目。选择"文件 > 新建 > 序列"命令，弹出"新建序列"对话框，切换到"设置"选项卡，选项设置如图5-43所示，单击"确定"按钮，新建序列。

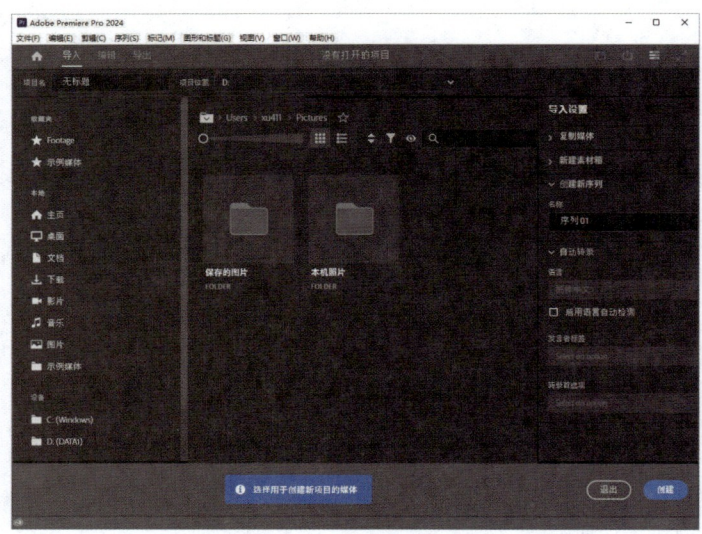

图5-42

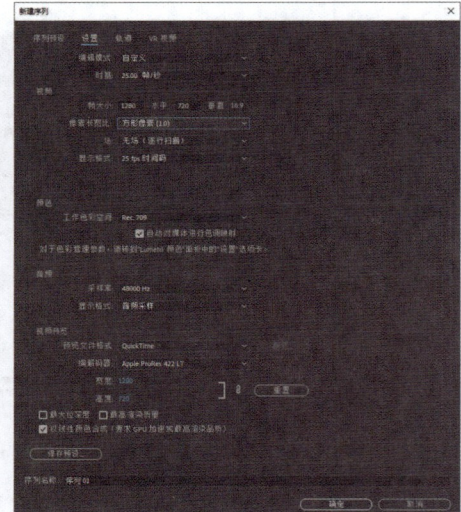

图5-43

02 选择"文件 > 导入"命令，弹出"导入"对话框，选择本书学习资源中的"项目5\抠出蝴蝶素材并合成到栏目片头\素材"目录下的"01"~"03"文件，如图5-44所示，单击"打开"按钮，将素材文件导入"项目"面板中，如图5-45所示。

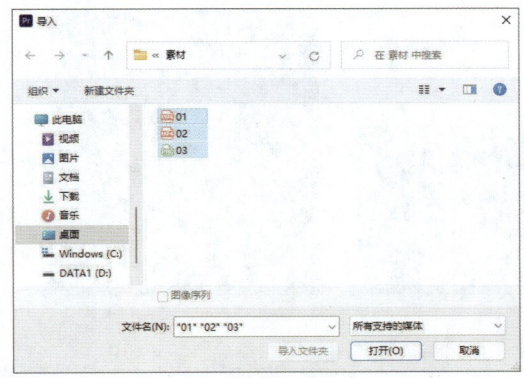
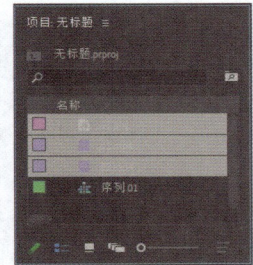

图5-44　　　　　　　　　　　　图5-45

03 在"项目"面板中，选中"01"文件，将其拖曳到"时间轴"面板中的"V1"轨道中，如图5-46所示。将播放指示器移动至00:00:14:08的位置。将鼠标指针放在"01"文件的结束位置并单击，显示编辑点。当鼠标指针呈✦状时，向左拖曳鼠标指针到00:00:14:08的位置，如图5-47所示。

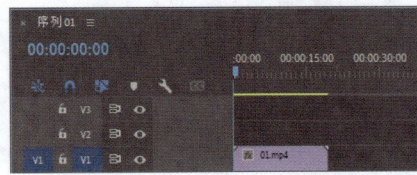
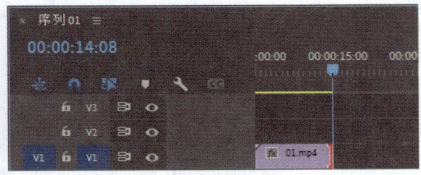

图5-46　　　　　　　　　　　　图5-47

04 双击"项目"面板中的"02"文件，在"源"监视器中打开"02"文件。将播放指示器移动至00:00:14:10的位置，按I键，创建标记入点，如图5-48所示。将播放指示器移动至00:00:28:17的位置，按O键，创建标记出点，如图5-49所示。

图5-48　　　　　　　　　　　　图5-49

05 选中"源"监视器中的"02"文件并将其拖曳到"时间轴"面板中的"V2"轨道中，如图5-50所示。选择"时间轴"面板中的"02"文件。切换到"效果控件"面板，展开"运动"选项，将"缩放"选项设置为34，如图5-51所示。

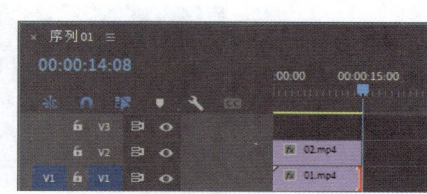
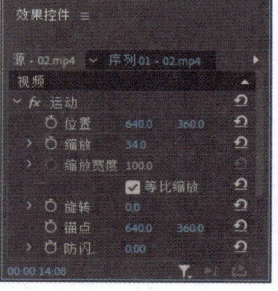

图5-50   图5-51

06 切换到"效果"面板，展开"视频效果"分类选项，单击"键控"文件夹左侧的▶按钮将其展开，选中"超级键"效果，如图5-52所示。将"超级键"效果拖曳到"时间轴"面板中的"02"文件上。切换到"效果控件"面板，展开"超级键"选项，将"主要颜色"选项设置为绿色（0、234、0），其他设置如图5-53所示。

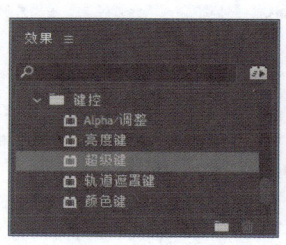
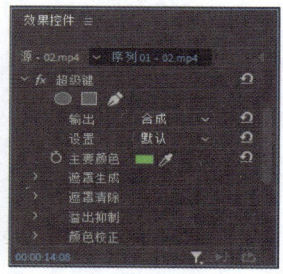

图5-52   图5-53

07 将播放指示器移动至00:00:00:00的位置。在"项目"面板中，选中"03"文件，将其拖曳到"时间轴"面板中的"V3"轨道中，如图5-54所示。选择"时间轴"面板中的"03"文件。切换到"效果控件"面板，展开"运动"选项，将"位置"选项设置为1044和550，将"缩放"选项设置为0，单击"缩放"选项左侧的"切换动画"按钮 ◎，如图5-55所示，记录第1个动画关键帧。将播放指示器移动至00:00:00:07的位置。在"效果控件"面板中，将"缩放"选项设置为100，如图5-56所示，记录第2个动画关键帧。抠出蝴蝶素材并合成到栏目片头视频制作完成。

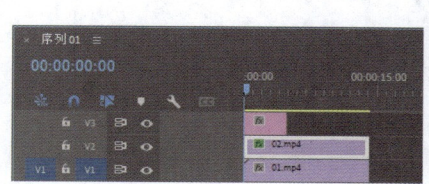
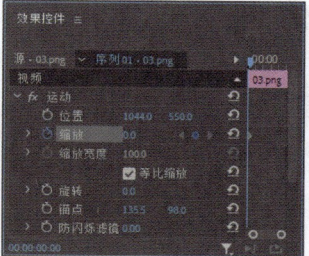
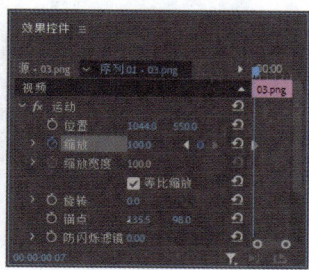

图5-54   图5-55   图5-56

任务知识

5.2.1 认识叠加

在Premiere中建立叠加效果，是将上层轨道中的素材叠加在下层轨道中的素材上，并在监视器中优先显示出来。

1. 透明

透明叠加的原理是因为每个素材都有一定的不透明度，在不透明度为0%时，图像完全透明；在不透明度为100%时，图像完全不透明；不透明度介于两者之间时，图像呈半透明效果。所以在Premiere中，将一个素材叠加在另一个素材上之后，上方轨道中的素材能够显示其下方轨道中的部分素材，这利用的就是素材的不透明度。通过对素材的不透明度进行设置，可以制作透明叠加的效果，对比效果如图5-57和图5-58所示。

图5-57　　　　　　　　　　　　　　图5-58

2. Alpha通道

素材的颜色信息都被保存在3个通道中，这3个通道分别是红色通道、绿色通道和蓝色通道。另外，素材中还包含第4个通道，即Alpha通道，它用于存储素材的透明度信息。

当在监视器中查看Alpha通道时，白色区域是完全不透明的，黑色区域是完全透明的，介于两者之间的区域则是半透明的。

3. 蒙版

在蒙版中，白色区域定义的是完全不透明的区域，黑色区域定义的是完全透明的区域，介于这两者之间的区域则是半透明的，这点类似于Alpha通道。通常，Alpha通道被用作蒙版，但是使用蒙版定义素材的透明区域要比使用Alpha通道定义的更好，因为很多的原始素材不包含Alpha通道。

TGA、TIFF、EPS和PDF等格式的素材都包含Alpha通道。在使用EPS和PDF格式的素材时，Premiere Pro 2024会自动将透明区域转换为Alpha通道。

4. 键控

在进行素材叠加时，可以使用Alpha通道将不同的素材对象叠加到一个场景中。但是在实际工作中，能够使用Alpha通道进行叠加的原始素材非常少，因为摄像机是无法产生Alpha通道的，这时键控（即抠像）技术就非常有用了。

使用键控技术可以很容易地为颜色或亮度一致的视频素材替换背景，该技术一般称为"蓝屏技术"或"绿屏技术"，也就是背景色完全是蓝色或绿色（当然也可以是其他颜色）。图像调整的过程如图5-59~图5-61所示。

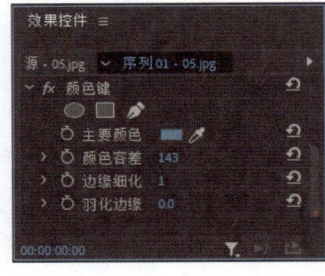

图5-59   图5-60   图5-61

5.2.2 叠加操作

在进行叠加视频操作之前，应注意以下几点。

（1）必须有两个或两个以上的素材，有时为了实现想要的效果，可以创建一个字幕或颜色蒙版文件。

（2）只能对重叠轨道上的素材应用透明叠加设置，在默认设置下，每一个新建项目都包含两个可重叠轨道——"V2"和"V3"轨道，当然也可以另外增加多个重叠轨道。

（3）在Premiere Pro 2024中制作叠加效果时，首先叠加视频主轨道上的素材（包括过渡效果），然后将被叠加的素材叠加到背景素材中。在叠加过程中，先叠加较低层轨道的素材，然后以叠加后的素材为背景来叠加较高层轨道的素材，这样在叠加完成后，最高层的素材就会位于画面的顶层。

（4）透明素材必须放置在其他素材之上，将想要叠加的素材放置于叠加轨道或更高的视频轨道上。

（5）背景素材可以放置在视频主轨道"V1"或"V2"轨道上，即较低层的叠加轨道上的素材可以作为较高层叠加轨道上素材的背景。

（6）必须对位于最高层轨道上的素材进行透明度设置，否则其下方的所有素材均不能显示。

（7）叠加有两种方式，一种是混合叠加方式，另一种是淡化叠加方式。

混合叠加方式是将素材的一部分叠加到另一个素材上，因此作为前景的素材最好具有单一的底色，并且与需要保留的部分对比鲜明，这样很容易将底色变为透明，再叠加到作为背景的素材上，背景素材在前景素材透明处可见，从而使前景素材保留的部分看上去就像背景素材中的一部分。

淡化叠加方式是通过调整整个前景的不透明度，让前景整体变暗、变淡，从而使背景素材逐渐显现出来，达到一种梦幻或朦胧的效果。

图5-62和图5-63分别为混合叠加方式和淡化叠加方式的应用效果。

图5-62　　　　　　　　　　　　　　　　　图5-63

5.2.3　"键控"效果

　　"键控"在电视制作中常被称为"抠像"，在电影制作中被称为"遮罩"。在Premiere Pro 2024中，"键控"效果是使用特定的颜色值（颜色键）和亮度值（亮度键）来定义视频素材中的透明区域。"键控"效果共包含5种，如图5-64所示。不同"键控"效果的应用示例如图5-65所示。

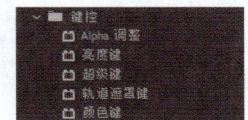

图5-64

原图1　　　　　　　　　　原图2　　　　　　　　　　Alpha调整

亮度键　　　　　　　　　　　　超级键

轨道遮罩键　　　　　　　　　　颜色键

图5-65

项目实践 **制作影视效果短视频的怀旧效果**

项目要点 使用"导入"命令导入视频文件，使用"ProcAmp"和"颜色平衡"效果调整图像，使用"DE_AgedFilm"外部效果制作怀旧效果。最终效果参看学习资源中的"项目5\制作影视效果短视频的怀旧效果\制作影视效果短视频的怀旧效果.prproj"，如图5-66所示。

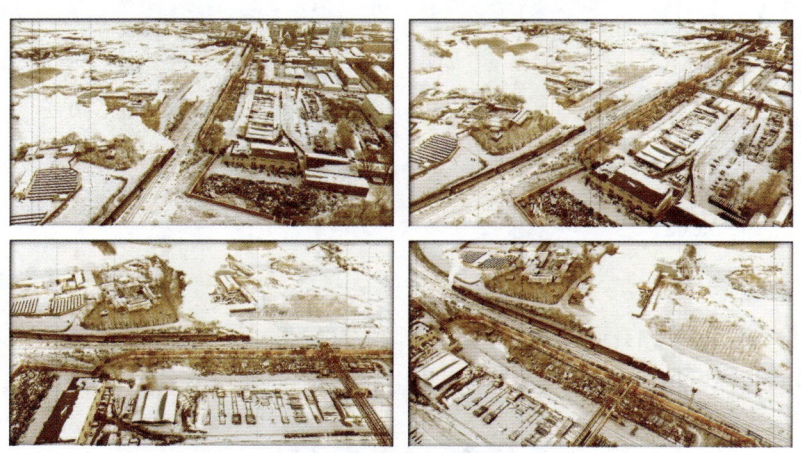

图5-66

课后习题 **调整美食短视频的颜色**

习题要点 使用"导入"命令导入视频文件，使用"ProcAmp"效果、"色阶"效果、"RGB曲线"效果、"Lumetri颜色"效果和"光照效果"效果调整画面颜色，使用"效果控件"面板调整文字位置。最终效果参看学习资源中的"项目5\调整美食短视频的颜色\调整美食短视频的颜色.prproj"，如图5-67所示。

图5-67

项目 6

创建与编辑字幕

本项目主要介绍创建字幕文字对象、编辑与修饰字幕文字的相关内容。通过对本项目的学习，读者能够快速掌握创建及编辑字幕的技巧。

学习目标
- 熟悉字幕的创建方法。
- 熟练掌握字幕文字的编辑与字幕的修饰方法。

技能目标
- 掌握"童年趣事短视频的片头文字"的制作方法。
- 掌握"旅行节目片头的宣传文字"的编辑方法。

素养目标
- 培养快速创建字幕的能力。
- 培养良好的语言组织和排版能力。
- 培养语句通顺、含义清晰的文字表达能力。

任务6.1 掌握字幕文字的创建

　　本任务主要是让读者通过任务实践学习字幕和图形的创建方法，通过了解任务知识掌握图形字幕、段落字幕和文本字幕等多种字幕文字的创建方法。

任务实践　制作童年趣事短视频的片头文字

任务目标　学习使用"文字"工具和"基本图形"面板创建字幕。

任务要点　使用"导入"命令导入素材，使用"Lumetri颜色"效果为视频调色，使用"基本图形"面板和"文字"工具添加文字，使用"效果控件"面板编辑文字并制作动画效果。最终效果参看学习资源中的"项目6\制作童年趣事短视频的片头文字\制作童年趣事短视频的片头文字.prproj"，如图6-1所示。

图6-1

任务制作

01 启动Premiere Pro 2024，选择"文件 > 新建 > 项目"命令，进入"导入"界面，如图6-2所示，单击"创建"按钮，新建项目。选择"文件 > 新建 > 序列"命令，弹出"新建序列"对话框，切换到"设置"选项卡，选项设置如图6-3所示，单击"确定"按钮，新建序列。

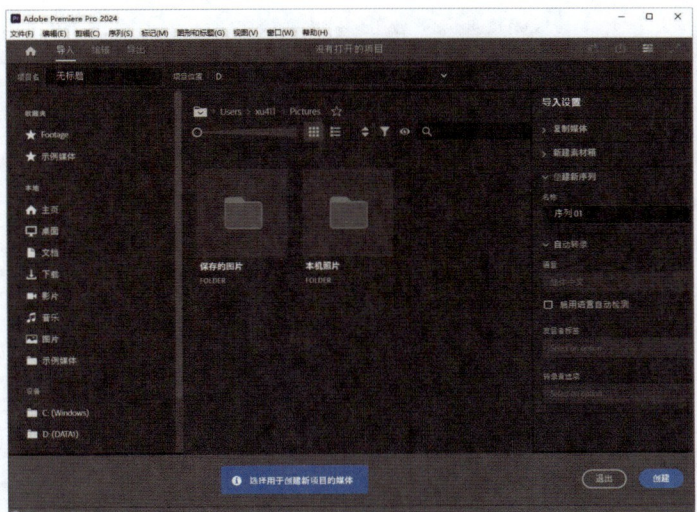

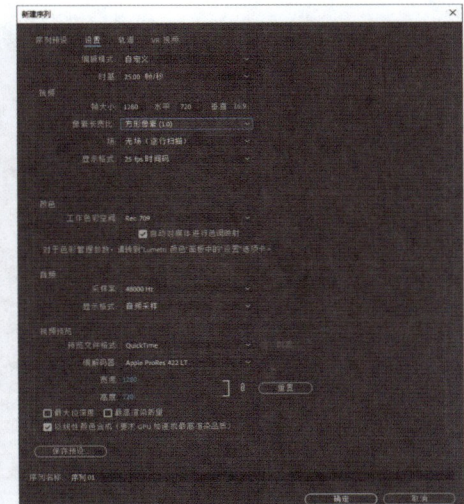

图6-2　　　　　　　　　　　　　　　　图6-3

02 选择"文件 > 导入"命令，弹出"导入"对话框，选择本书学习资源中的"项目6\制作童年趣事短视频的片头文字\素材\01"文件，如图6-4所示，单击"打开"按钮，将素材文件导入"项目"面板中，如图6-5所示。

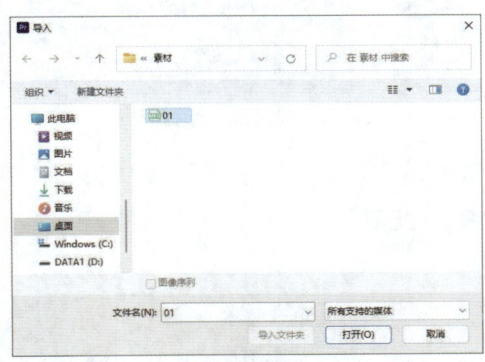

图6-4　　　　　　　　　　　图6-5

03 在"项目"面板中，选中"01"文件并将其拖曳到"时间轴"面板的"V1"轨道中，如图6-6所示。按住Alt键的同时，选择下方的音频，如图6-7所示。按Delete键，删除音频，如图6-8所示。

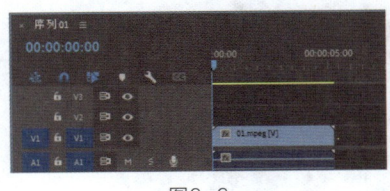

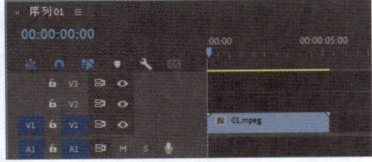

图6-6　　　　　　　　　　图6-7　　　　　　　　　　图6-8

04 切换到"效果"面板，展开"视频效果"分类选项，单击"颜色校正"文件夹前面的▶按钮将其展开，选中"Lumetri颜色"效果，如图6-9所示。将"Lumetri颜色"效果拖曳到"时间轴"面板"V1"轨道中的"01"文件上。切换到"效果控件"面板，展开"Lumetri颜色"效果，具体设置如图6-10所示。

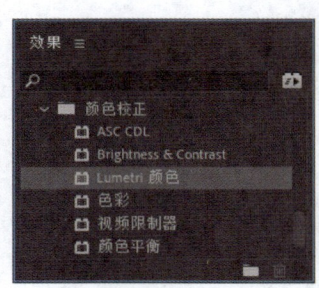

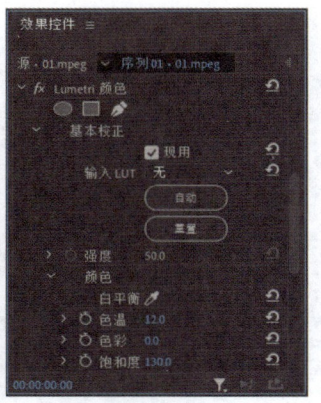

图6-9　　　　　　　　　　　　图6-10

05 切换到"基本图形"面板，在"编辑"选项卡中单击"新建图层"按钮■，在弹出的菜单中选择"文本"命令。在"时间轴"面板中的"V2"轨道中生成"新建文本图层"文件，如图6-11所示。将鼠标指针放在"新建文本图层"文件的结束位置，当鼠标指针呈◀状时，向右拖曳鼠标指针到与"01"文件的结束位置齐平，如图6-12所示。

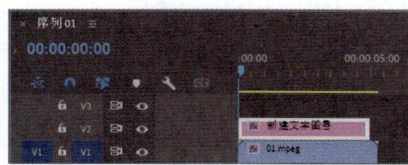

图6-11　　　　　　　　　　　　图6-12

06 在"节目"监视器中修改文字，如图6-13所示。选取"节目"监视器中的文字，在"效果控件"面板中展开"文本（童）"栏，设置如图6-14和图6-15所示，此时"节目"监视器中的效果如图6-16所示。

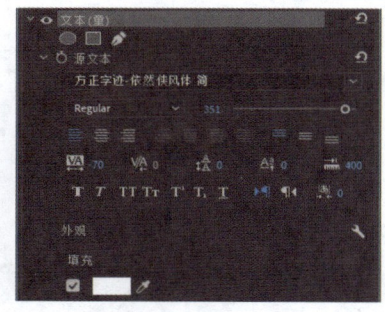

图6-13　　　　　　　　　　　　图6-14

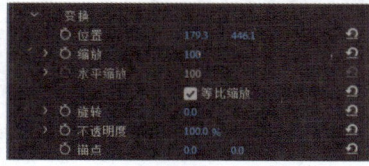

图6-15　　　　　　　　　　　　图6-16

07 使用相同的方法制作其他文字，制作好后，"基本图形"面板如图6-17所示，"节目"监视器中的文字效果如图6-18所示。

图6-17　　　　　　　　　　图6-18

08 切换到"效果"面板，展开"视频效果"分类选项，单击"透视"文件夹左侧的▶按钮将其展开，选中"投影"效果，如图6-19所示。将"投影"效果拖曳到"时间轴"面板"V2"轨道中的文本文件上，如图6-20所示。

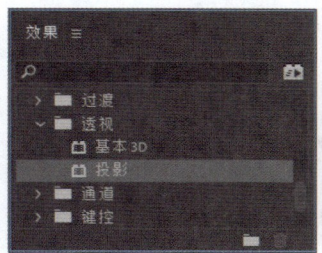 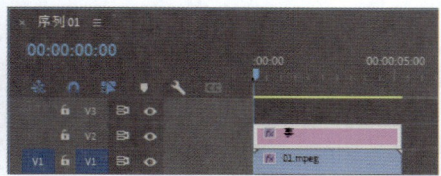

图6-19　　　　　　　　　　图6-20

09 取消文字的选取状态。选择"钢笔"工具 ，在"节目"监视器中绘制图形，如图6-21所示。在"时间轴"面板中的"V3"轨道中生成"图形"文件，如图6-22所示。

10 选择"选择"工具 ，将鼠标指针放在图形文件的结束位置，当鼠标指针呈 状时，向右拖曳鼠标指针到与"01"文件的结束位置齐平，如图6-23所示。

 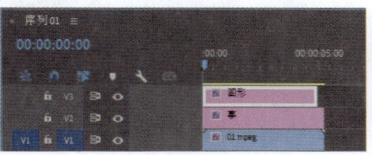 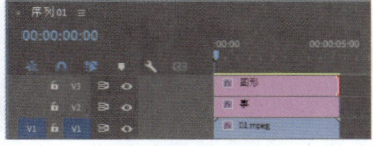

图6-21　　　　　　　　图6-22　　　　　　　　图6-23

11 选择"时间轴"面板的"V3"轨道中的"图形"文件。切换到"效果控件"面板，展开"形状（形状01）"选项，在"外观"栏中将"填充"颜色设置为红色（235、3、3），如图6-24所示。在"节目"监视器中调整图形的大小，并将其拖曳到适当的位置，效果如图6-25所示。

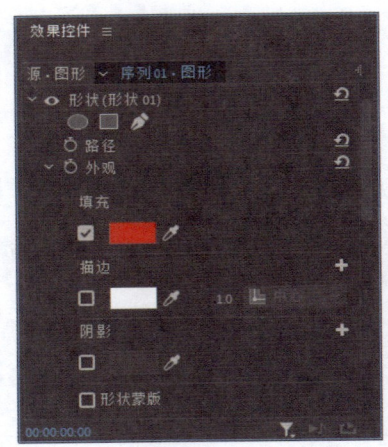

图6-24   图6-25

12 取消图形的选取状态。切换到"基本图形"面板，在"编辑"选项卡中单击"新建图层"按钮■，在弹出的菜单中选择"直排文本"命令。在"时间轴"面板中的"V4"轨道中生成"新建文本图层"文件，如图6-26所示。将鼠标指针放在文本文件的结束位置，当鼠标指针呈➔状时，向右拖曳鼠标指针到与"01"文件的结束位置齐平，如图6-27所示。

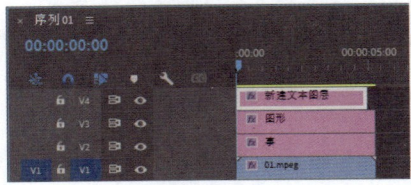

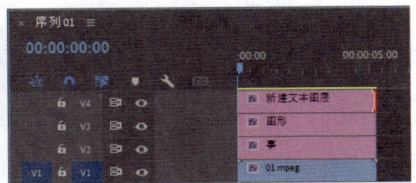

图6-26   图6-27

13 在"节目"监视器中修改文字，如图6-28所示。选取"节目"监视器中的文字，在"效果控件"面板中展开"文本（风筝）"栏，设置如图6-29和图6-30所示，此时"节目"监视器中的效果如图6-31所示。

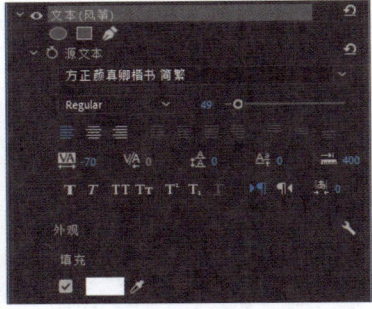

图6-28   图6-29

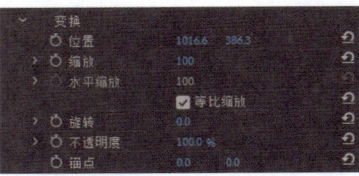

图6-30   图6-31

14 选择"时间轴"面板的"V2"轨道中的"图形"文件。在"效果控件"面板中，展开"运动"选项，将"缩放"选项设置为0，单击"缩放"选项左侧的"切换动画"按钮⊙，如图6-32所示，记录第1个动画关键帧。将播放指示器移动至00:00:00:10的位置，在"效果控件"面板中，将"缩放"选项设置为100，如图6-33所示，记录第2个动画关键帧。

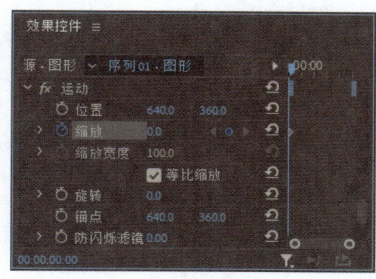 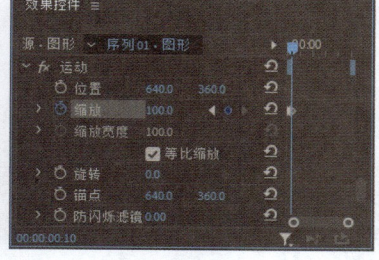

图6-32　　　　　　　　　　　　　　图6-33

15 选择"时间轴"面板的"V3"轨道中的"图形"文件。将播放指示器移动至00:00:00:14的位置，在"效果控件"面板中，展开"不透明度"选项，将"不透明度"选项设置为0%，单击"不透明度"选项左侧的"切换动画"按钮⊙，如图6-34所示，记录第1个动画关键帧。将播放指示器移动至00:00:01:02的位置，在"效果控件"面板中，将"不透明度"选项设置为100%，如图6-35所示，记录第2个动画关键帧。

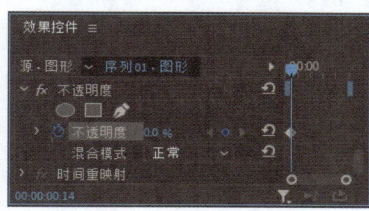 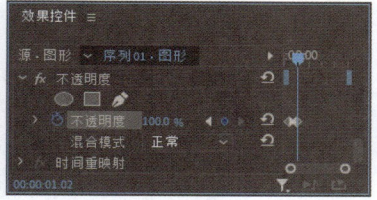

图6-34　　　　　　　　　　　　　　图6-35

16 选择"时间轴"面板的"V4"轨道中的文本文件。将播放指示器移动至00:00:00:14的位置，在"效果控件"面板中，展开"不透明度"选项，将"不透明度"选项设置为0%，单击"不透明度"选项左侧的"切换动画"按钮⊙，如图6-36所示，记录第1个动画关键帧。将播放指示器移动至00:00:01:02的位置，在"效果控件"面板中，将"不透明度"选项设置为100%，如图6-37所示，记录第2个动画关键帧。童年趣事短视频的片头文字制作完成。

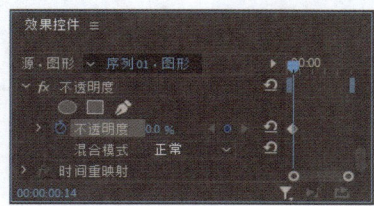 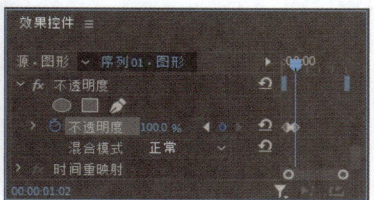

图6-36　　　　　　　　　　　　　　图6-37

任务知识

6.1.1 创建图形字幕

创建水平或垂直图形字幕的具体操作步骤如下。

01 选择"工具"面板中的"文字"工具 **T**，在"节目"监视器中单击并输入文字，如图6-38所示。"时间轴"面板的"V2"轨道中生成文本文件，如图6-39所示。

图6-38

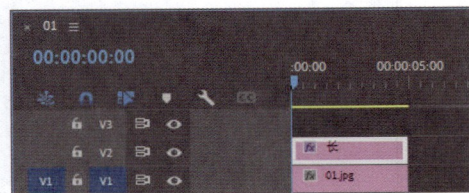

图6-39

02 选择"窗口 > 基本图形"命令，打开"基本图形"面板，切换到"编辑"选项卡，如图6-40所示。在"外观"栏中将"填充"选项设置为白色，在"文本"栏中设置所需选项，如图6-41所示；"对齐并变换"栏中的选项设置如图6-42所示。

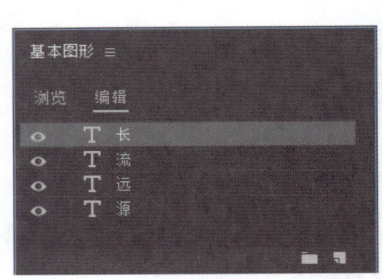

图6-40

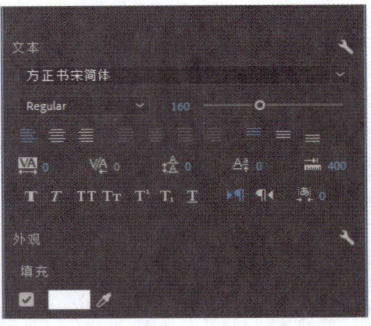

图6-41

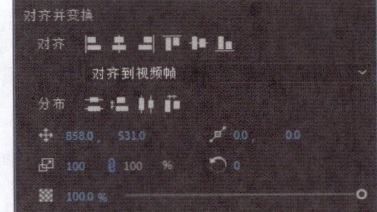

图6-42

03 选择并设置其他文字，"节目"监视器中的效果如图6-43所示。用相同的方法添加文字和印章，如图6-44所示。选择"工具"面板中的"垂直文字"工具 **IT**，在"节目"监视器中输入垂直文字。

图6-43　　　　　　　　　　　　　　　　　图6-44

6.1.2　创建段落字幕

创建水平或垂直段落字幕的具体操作步骤如下。

选择"工具"面板中的"文字"工具 T，直接在"节目"监视器中拖曳出文本框并输入文字，在"基本图形"面板中编辑文字，效果如图6-45所示。用相同的方法输入垂直段落文字，效果如图6-46所示。

图6-45　　　　　　　　　　　　　　　　　图6-46

6.1.3　创建文本字幕

选择"窗口 > 文本"命令，打开"文本"面板，如图6-47所示。

"从转录文本创建字幕"按钮：可以对所选素材进行语音识别，生成实时的文字字幕。

"创建新字幕轨"按钮：可以在"时间轴"面板中创建字幕轨道，并手动添加需要的字幕。

"从文件导入说明性字幕"按钮：可以从已有文件中导入字幕。

切换到"转录文本"选项卡，如图6-48所示，单击"转录"按钮，可以对所选素材进行语音识别，生成实时的文字字幕，并对字幕进行简单的编辑。切换到"图形"选项卡，如图6-49所示，在此可以显示"时间轴"面板中应用的图形字幕，并对其进行简单的编辑。

图6-47

图6-48

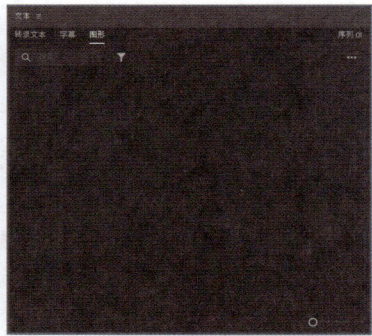
图6-49

任务6.2 掌握字幕文字的编辑

本任务主要是让读者通过任务实践学习字幕文字的编辑方法，通过了解任务知识掌握使用"效果控件"面板和"基本图形"面板编辑字幕的方法。

任务实践 编辑旅行节目片头的宣传文字

任务目标 学习文字和图形的创建与编辑。

任务要点 使用"导入"命令导入素材文件，使用"文字"工具添加文字，使用"基本图形"面板编辑文本，使用"自动色阶"效果调整素材颜色，使用"快速模糊入点"效果、"快速模糊出点"效果和"效果控件"面板制作模糊文字。最终效果参看学习资源中的"项目6\编辑旅行节目片头的宣传文字\编辑旅行节目片头的宣传文字.prproj"，如图6-50所示。

图6-50

任务制作

01 启动Premiere Pro 2024，
选择"文件 > 新建 > 项目"命
令，进入"导入"界面，如图
6-51所示，单击"创建"按钮，
新建项目。

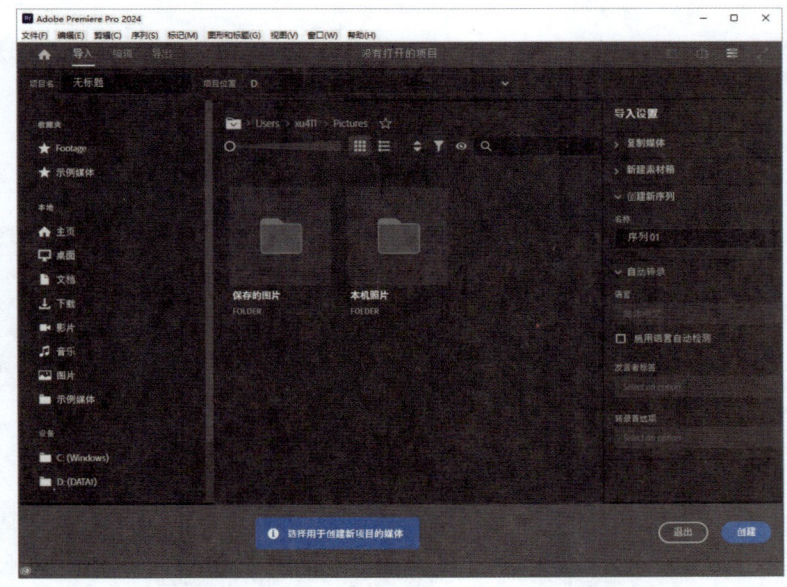

图6-51

02 选择"文件 > 导入"命令，弹出"导入"对话框，选择本书学习资源中的"项目6\编辑旅行节目片头
的宣传文字\素材\01"文件，如图6-52所示，单击"打开"按钮，将素材文件导入"项目"面板中，如图
6-53所示。将"项目"面板中的"01"文件拖曳到"时间轴"面板中，生成"01"序列，且将"01"文
件放置到"V1"轨道中，如图6-54所示。

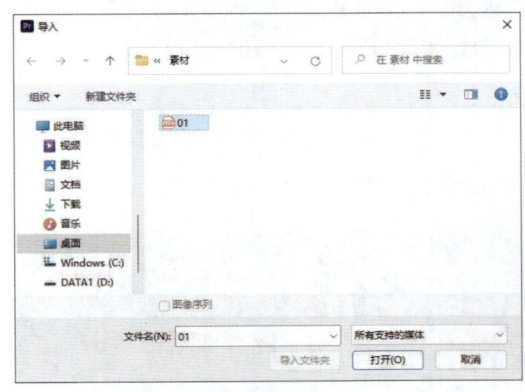

图6-52

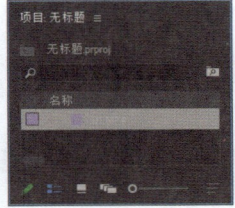

图6-53

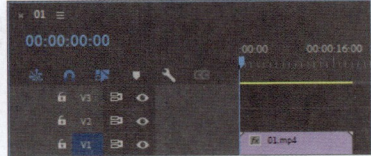

图6-54

03 将播放指示器移动至00:00:10:00的位置，如图6-55所示。将鼠标指针放在"01"文件的结束位置，
当鼠标指针呈 状时，向左拖曳鼠标指针到00:00:10:00的位置上，如图6-56所示。

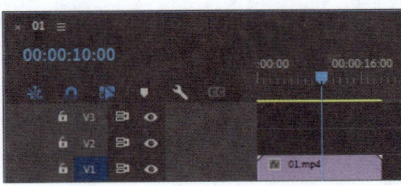

图6-55

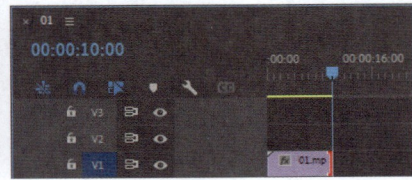

图6-56

04 将播放指示器移动至00:00:01:00的位置。切换到"基本图形"面板，在"编辑"选项卡中单击"新建图层"按钮，在弹出的菜单中选择"矩形"命令，在"节目"监视器中创建一个矩形，如图6-57所示。在"时间轴"面板中的"V2"轨道中生成图形文件，如图6-58所示。

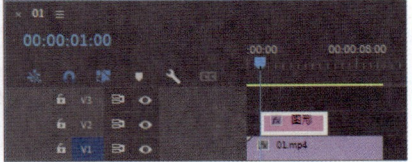

图6-57   图6-58

05 在"基本图形"面板中选择"形状01"图层，在"外观"栏中将"填充"选项设置为红色（225、0、0），"对齐并变换"栏中的选项设置如图6-59所示，"节目"监视器中的矩形效果如图6-60所示。

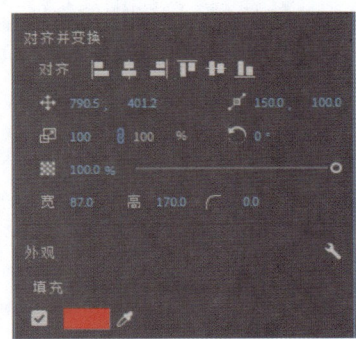

图6-59   图6-60

06 将播放指示器移动至00:00:08:00的位置，如图6-61所示。将鼠标指针放在"图形"文件的结束位置，当鼠标指针呈 ◄ 状时，向右拖曳鼠标指针到00:00:08:00的位置上，如图6-62所示。

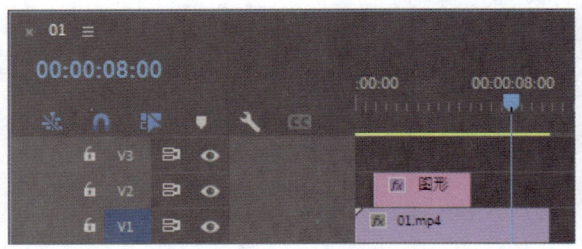

图6-61   图6-62

07 将播放指示器移动至00:00:01:00的位置。选择"工具"面板中的"垂直文字"工具 🆃 ，在"节目"监视器中单击并输入文字，如图6-63所示。在"时间轴"面板中的"V3"轨道中会生成文本文件，如图6-64所示。

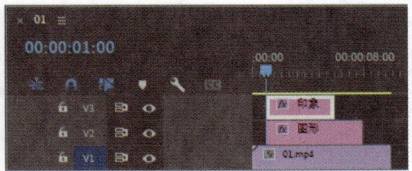

图6-63　　　　　　　　　　　　　　　　　　图6-64

08 选择"时间轴"面板的"V3"轨道中的图形文件，在"基本图形"面板中选择"印象"文字图层，在"外观"栏中将"填充"选项设置为白色，再在"文本"栏中设置其他选项，如图6-65所示；"对齐并变换"栏中的选项设置如图6-66所示。设置完成后"节目"监视器中的文字效果如图6-67所示。

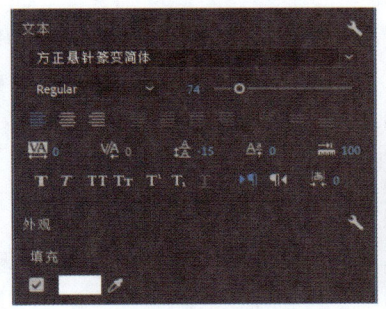

图6-65　　　　　　　　　　图6-66　　　　　　　　　　图6-67

09 使用相同的方法制作其他文字，制作完成后，"基本图形"面板如图6-68所示，"节目"监视器中的文字效果如图6-69所示。

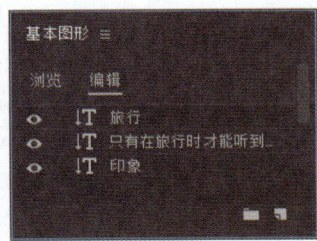

图6-68　　　　　　　　　　图6-69

10 选择"选择"工具，将鼠标指针放在"V3"轨道的文本文件的结束位置，当鼠标指针呈◄状时，单击并向右拖曳鼠标指针到与"V2"轨道的"图形"文件的结束位置齐平，如图6-70所示。

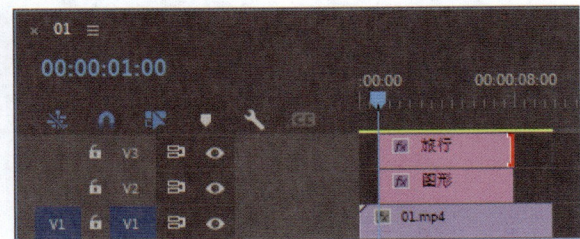

图6-70

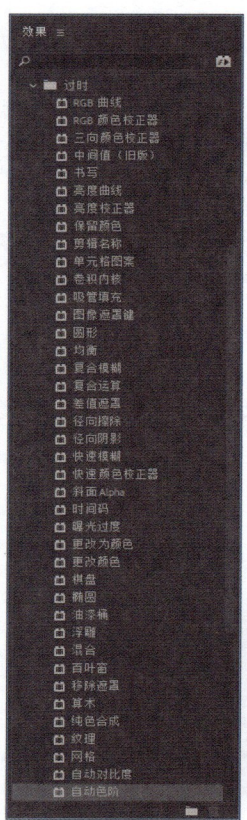

11 切换到"效果"面板，展开"视频效果"分类选项，单击"过时"文件夹左侧的▶按钮将其展开，选中"自动色阶"效果，如图6-71所示。将"自动色阶"效果拖曳到"时间轴"面板中的"01"文件上，如图6-72所示。

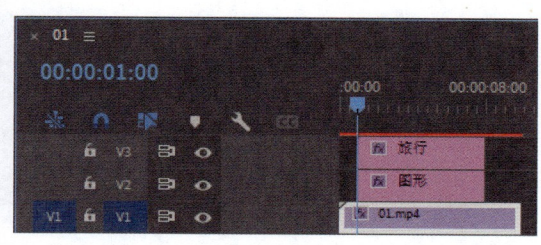

图6-71　　　　　　　　　　　　　　　　图6-72

12 切换到"效果"面板，展开"预设"分类选项，单击"模糊"文件夹左侧的▶按钮将其展开，选中"快速模糊入点"效果，如图6-73所示。将"快速模糊入点"效果拖曳到"时间轴"面板中的"V2"轨道的"图形"文件上。

13 将播放指示器移动至00:00:03:00的位置。在"效果控件"面板中，展开"快速模糊（快速模糊入点）"效果，选择第2个关键帧，将其拖曳到播放指示器所在的位置，如图6-74所示。

 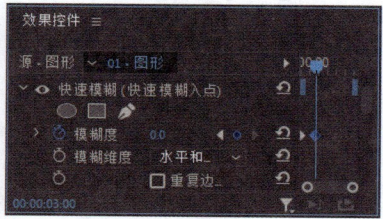

图6-73　　　　　　　　　　　　　　　　图6-74

14 切换到"效果"面板，选中"快速模糊出点"效果，如图6-75所示。将"快速模糊出点"效果拖曳到"时间轴"面板中的"V2"轨道的"图形"文件上。将播放指示器移动至00:00:06:00的位置。在"效果控件"面板中，展开"快速模糊（快速模糊出点）"效果，选择第1个关键帧，将其拖曳到播放指示器所在的位置，如图6-76所示。

15 用相同的方法为"时间轴"面板中的"V3"轨道的文本文件添加"快速模糊入点"效果和"快速模糊出点"效果。旅行节目片头的宣传文字编辑完成。

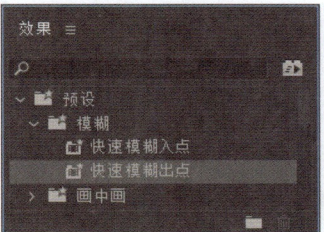

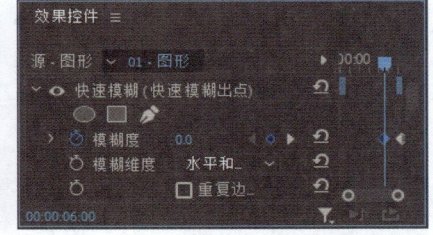

图6-75　　　　　　　　　　图6-76

任务知识

6.2.1　编辑字幕文字

编辑字幕文字的具体操作步骤如下。

01 在"节目"监视器中输入图形文字，并设置相关属性，如图6-77所示。使用"选择"工具选取文字，将鼠标指针移至文本框内，按住鼠标左键拖曳，可移动文字对象，效果如图6-78所示。

图6-77　　　　　　　　　　图6-78

02 将鼠标指针移至文本框的任意一个控制柄上，当鼠标指针呈 、 或 状时，按住鼠标左键拖曳，可缩放文字对象，效果如图6-79所示。将鼠标指针移至文本框的任意一个控制柄的外侧，当鼠标指针呈 、 或 状时，按住鼠标左键拖曳，可旋转文字对象，效果如图6-80所示。

图6-79　　　　　　　　　　图6-80

03 将鼠标指针移至文本框上的锚点⊕处，当鼠标指针呈⬚状时，按住鼠标左键将锚点拖曳到适当的位置，如图6-81所示。将鼠标指针移至文本框的任意一个控制柄的外侧，当鼠标指针呈↗、↖或⬚状时，按住鼠标左键拖曳，可以以当前锚点为中心旋转文字对象，效果如图6-82所示。

图6-81

图6-82

6.2.2 设置字幕属性

在Premiere Pro 2024中可以非常方便地对字幕文字进行调整，包括调整文字的位置、不透明度，改变文字的字体、大小、颜色，以及为文字添加阴影等。

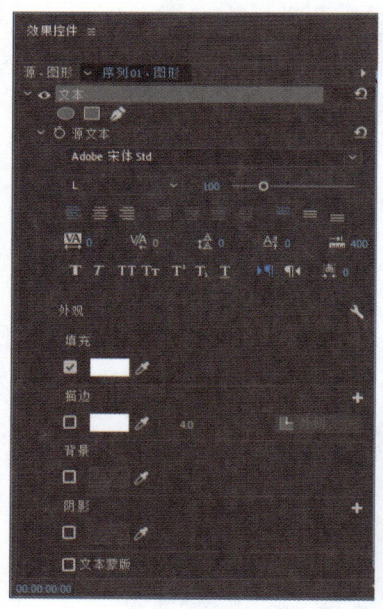

图6-83

1. 在"效果控件"面板中编辑图形字幕的属性

展开"效果控件"面板中的"文本"选项，在"源文本"栏中可以设置文字的字体、样式、大小，以及字距和行距等，在"外观"栏中可以设置填充、描边、背景、阴影及文本蒙版等属性，如图6-83所示；在"变换"栏中可以设置文字的位置、缩放、旋转、不透明度及锚点等属性，如图6-84所示。

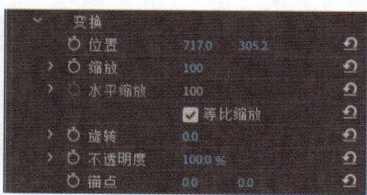

图6-84

2. 在"基本图形"面板中编辑图形字幕的属性

　　"基本图形"面板最上方为文本图层和响应设置，如图6-85所示。"对齐并变换"栏用于设置图形字幕的对齐方式、位置、旋转及比例等属性。"样式"栏可以设置图形字幕的样式，如图6-86所示。"文本"栏用于设置文字的字体、样式、大小，以及字距和行距等属性，"外观"栏可以设置填充、描边、背景、阴影及文本蒙版等属性，如图6-87所示。

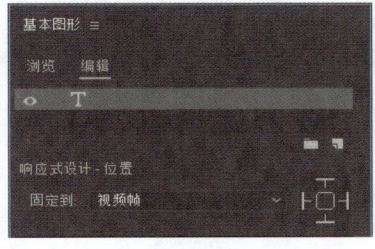
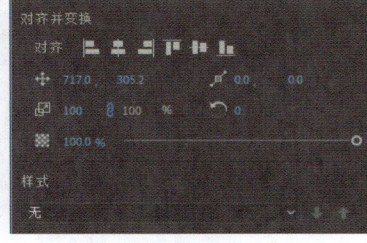
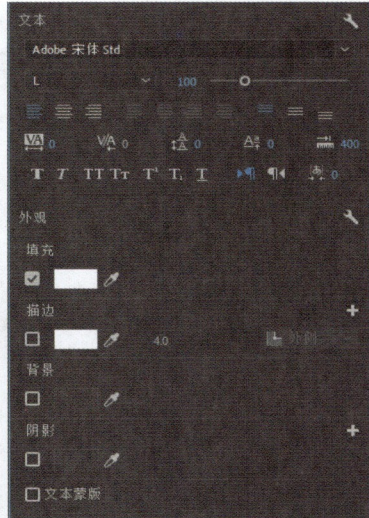

图6-85　　　　　　　　　　图6-86　　　　　　　　　　图6-87

6.2.3　制作垂直滚动字幕

　　制作垂直滚动字幕的具体操作步骤如下。

01 启动Premiere Pro 2024，在"项目"面板中导入素材并将其添加到"时间轴"面板中的视频轨道上。

02 选择"工具"面板中的"垂直文字"工具**IT**，在"节目"监视器中拖曳出文本框，输入文字，在"基本图形"面板中编辑文字，如图6-88所示。对应的"时间轴"面板中的"V2"轨道中会生成文本图形文件，如图6-89所示。

03 在"基本图形"面板中取消对文本图层的选取，勾选"滚动"复选框，在新出现的选项区域设置滚动选项，如图6-90所示。

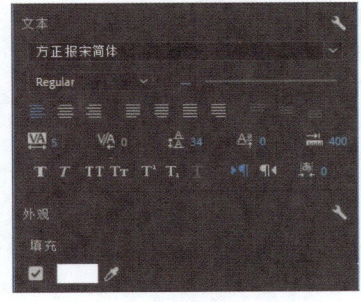

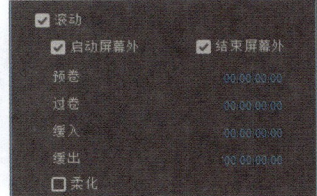

图6-88　　　　　　　　　　图6-89　　　　　　　　　　图6-90

04 单击"节目"监视器下方的"播放–停止切换"按钮▶，即可预览字幕的垂直滚动效果，如图6-91和图6-92所示。

图6-91

图6-92

项目实践　制作京城故事宣传片片头的模糊文字

项目要点　使用"导入"命令导入素材，使用"文字"工具添加文字，使用"基本图形"面板编辑文本，使用"快速颜色校正器"效果调整素材颜色，使用"高斯模糊"效果和"效果控件"面板制作模糊文字。最终效果参看学习资源中的"项目6\制作京城故事宣传片片头的模糊文字\制作京城故事宣传片片头的模糊文字.prproj"，如图6-93所示。

图6-93

课后习题 制作饭庄宣传片片头的遮罩文字

习题要点 使用"导入"命令导入素材,使用"文字"工具添加文字,使用"基本图形"面板编辑文本,使用"高斯模糊"效果、"轨道遮罩键"效果、"交叉溶解"效果和"效果控件"面板制作遮罩文字。最终效果参看学习资源中的"项目6\制作饭庄宣传片片头的遮罩文字\制作饭庄宣传片片头的遮罩文字.prproj",如图6-94所示。

图6-94

项目 7

音频与音频效果

本项目对音频及音频效果的应用与编辑进行讲解，重点讲解音轨混合器、调节音频、编辑音频、基本声音、分离和链接视/音频及添加音频效果等内容。通过对本项目的学习，读者可以掌握Premiere Pro 2024音频效果的添加和编辑方法。

学习目标

● 掌握音频的调节方法。

● 掌握音频的编辑方法。

● 掌握音频效果的添加。

技能目标

● 掌握"四季短视频的音频"的调整方法。

● 掌握"丹顶鹤纪录片的音频"的调整方法。

● 掌握"家生活短视频片头的音频"的添加方法。

素养目标

● 培养了解不同声效对视频情感和氛围产生
  不同影响的能力。

● 培养有效添加和编辑音频的能力。

● 培养对音效质量的准确把控能力，确保良好的视听效果。

任务7.1　掌握音频的调节

本任务主要是让读者通过任务实践学习调整音频淡入淡出效果的方法，通过了解任务知识掌握使用"音轨混合器"面板和"时间轴"面板调节音频的方法。

任务实践　调整四季短视频的音频

任务目标　学习使用"效果控件"面板调整音频的淡入淡出效果。

任务要点　使用"导入"命令导入素材，使用"效果控件"面板调整音频的淡入淡出效果。最终效果参看学习资源中的"项目7\调整四季短视频的音频\调整四季短视频的音频.prproj"，如图7-1所示。

图7-1

任务制作

01 启动Premiere Pro 2024，选择"文件 > 新建 > 项目"命令，进入"导入"界面，如图7-2所示，单击"创建"按钮，新建项目。选择"文件 > 新建 > 序列"命令，弹出"新建序列"对话框，切换到"设置"选项卡，设置如图7-3所示，单击"确定"按钮，新建序列。

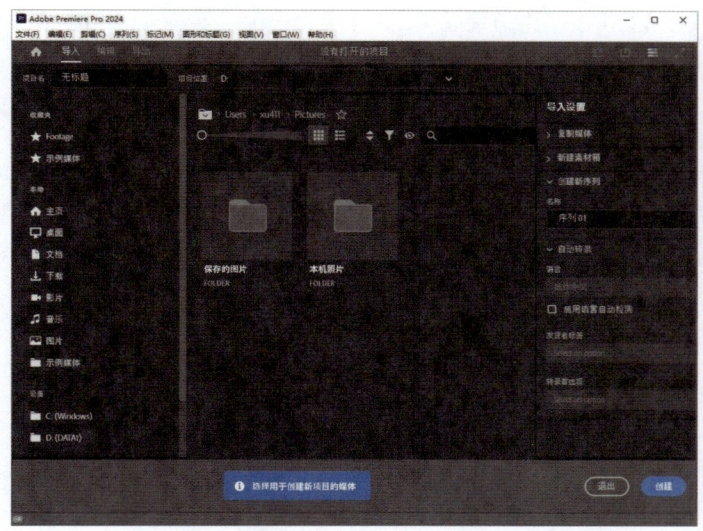

图7-2

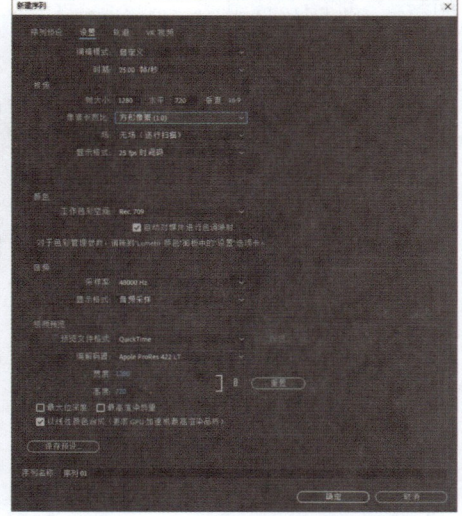

图7-3

02 选择"文件 > 导入"命令，弹出"导入"对话框，选择本书学习资源中的"项目7\调整四季短视频的音频\素材"目录中的"01"和"02"文件，如图7-4所示，单击"打开"按钮，将素材导入"项目"面板中，如图7-5所示。

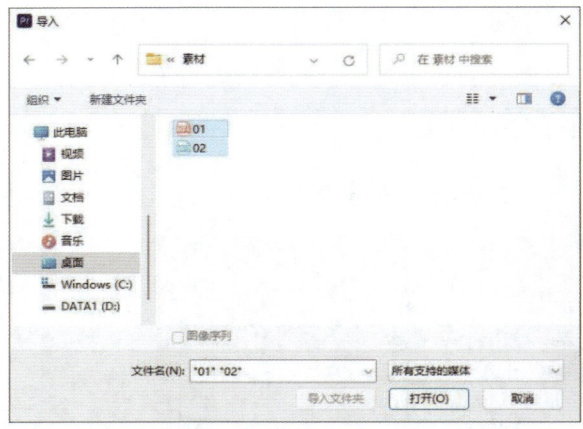
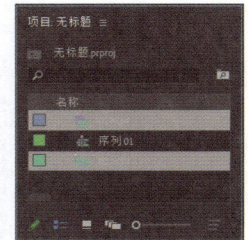

图7-4　　　　　　　　　　　　　　　　　　　图7-5

03 在"项目"面板中，选中"01"文件并将其拖曳到"时间轴"面板中的"V1"轨道中，如图7-6所示。将播放指示器移动至00:00:11:16的位置。将鼠标指针放在"01"文件的结束位置，当鼠标指针呈◄状时，向左拖曳鼠标指针到00:00:11:16的位置上，如图7-7所示。

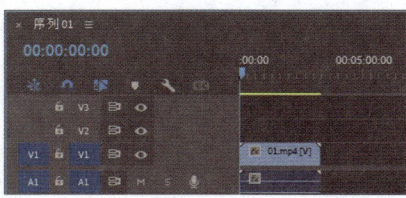
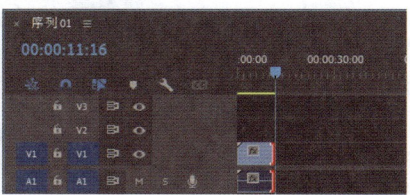

图7-6　　　　　　　　　　　　　　　　　　　图7-7

04 在"项目"面板中，选中"02"文件并将其拖曳到"时间轴"面板中的"A1"轨道中，覆盖原文件的音频，如图7-8所示。将鼠标指针放在"02"文件的结束位置并单击，显示编辑点，当鼠标指针呈◄状时，向左拖曳到与"01"文件的结束位置齐平，如图7-9所示。

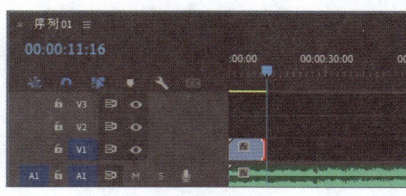
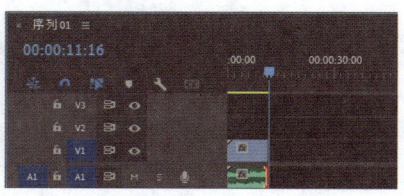

图7-8　　　　　　　　　　　　　　　　　　　图7-9

05 切换到"效果"面板，展开"视频过渡"分类选项，单击"溶解"文件夹左侧的▶按钮将其展开，选中"黑场过渡"效果，如图7-10所示。将"黑场过渡"效果拖曳到"时间轴"面板中的"01"文件的开始位置和结束位置上，如图7-11所示。

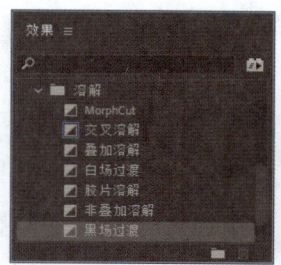

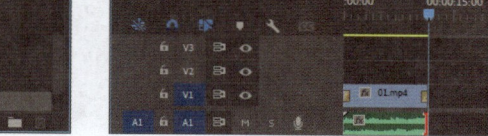

图7-10　　　　　　　　　　　　　图7-11

06 依次选择"时间轴"面板中的"黑场过渡"效果,在"效果控件"面板中将"持续时间"选项分别设置为00:00:00:11和00:00:00:12,如图7-12和图7-13所示。

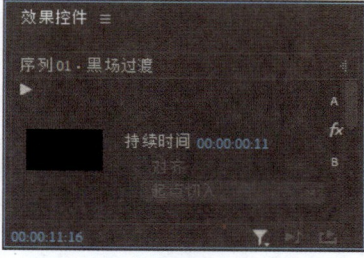
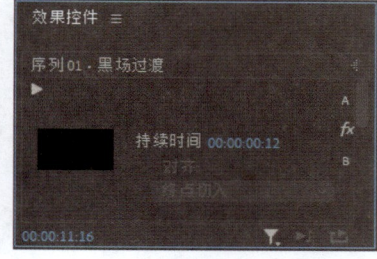

图7-12　　　　　　　　　　　　　图7-13

07 将播放指示器移动至00:00:00:00的位置,选择"时间轴"面板中的"02"文件,在"效果控件"面板中展开"音量"选项,将"级别"选项设置为-999,如图7-14所示,记录第1个动画关键帧。将播放指示器移动至00:00:00:11的位置,将"级别"选项设置为0,如图7-15所示,记录第2个动画关键帧。

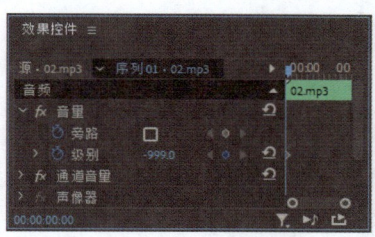
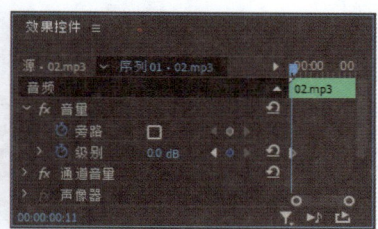

图7-14　　　　　　　　　　　　　图7-15

08 将播放指示器移动至00:00:02:17的位置,将"级别"选项设置为6,如图7-16所示,记录第3个动画关键帧。将播放指示器移动至00:00:05:12的位置,将"级别"选项设置为-6,如图7-17所示,记录第4个动画关键帧。

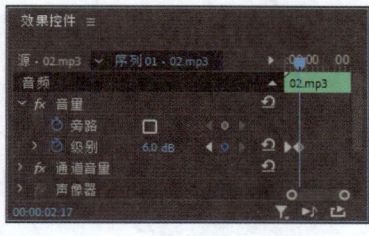
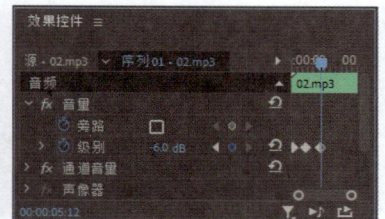

图7-16　　　　　　　　　　　　　图7-17

09 将播放指示器移动至00:00:08:24的位置,将"级别"选项设置为6,如图7-18所示,记录第5个动画关键帧。将播放指示器移动至00:00:11:05的位置,将"级别"选项设置为0,如图7-19所示,记录第6个动画关键帧。将播放指示器移动至00:00:11:15的位置，将"级别"选项设置为-999，如图7-20所示，记录第7个动画关键帧。四季短视频的音频调整完成。

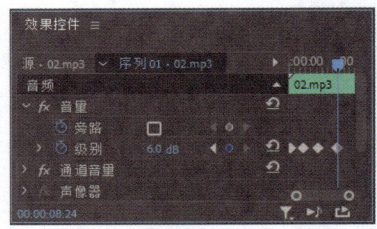 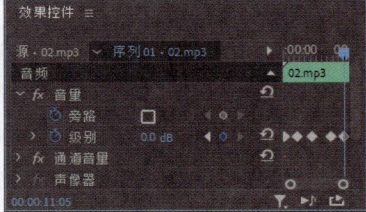 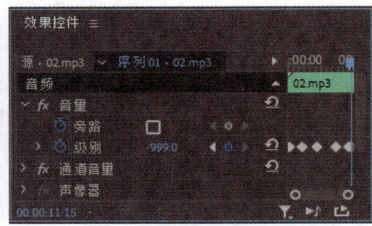

图7-18   图7-19   图7-20

任务知识

7.1.1 认识音频

Premiere Pro 2024中的音频编辑功能十分强大，不仅可以编辑音频素材、添加音效、制作立体声和5.1环绕声，还可以使用"时间轴"面板进行音频的合成工作。同时还提供了一些处理方法，如声音的摇摆和声音的渐变等。

在Premiere Pro 2024中，对音频素材进行处理主要有以下4种方式。

（1）在"时间轴"面板的音频轨道上，通过修改关键帧的方式对音频素材进行处理，如图7-21所示。

（2）选择"剪辑 > 音频选项"菜单中的命令来编辑所选的音频素材，如图7-22所示。

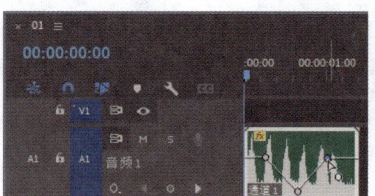 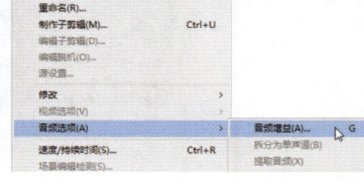

图7-21   图7-22

（3）在"效果"面板中为音频素材添加音频效果，如图7-23所示。

（4）选择"编辑 > 首选项 > 音频"命令，弹出"首选项"对话框，可以对音频素材的属性进行初始设置，如图7-24所示。

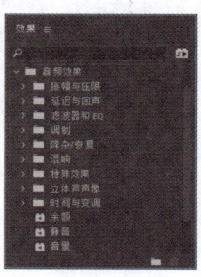 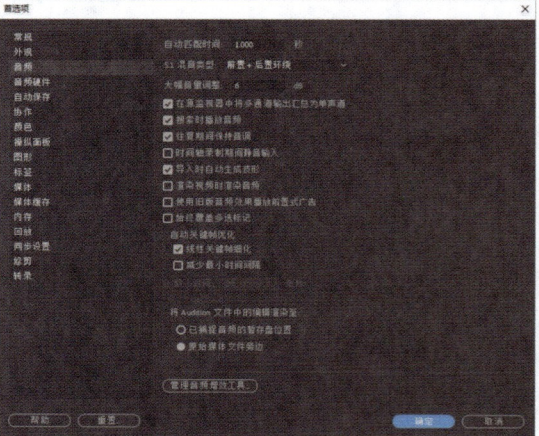

图7-23   图7-24

7.1.2 认识"音轨混合器"面板

"音轨混合器"面板可以实时混合"时间轴"面板中各轨道上的音频对象，还可以选择相应的音频控制器进行调节，如图7-25所示。

"音轨混合器"面板由若干个轨道音频控制器、主音频控制器和播放控制器组成，每个控制器都可以使用控制按钮和调节滑块调节音频。

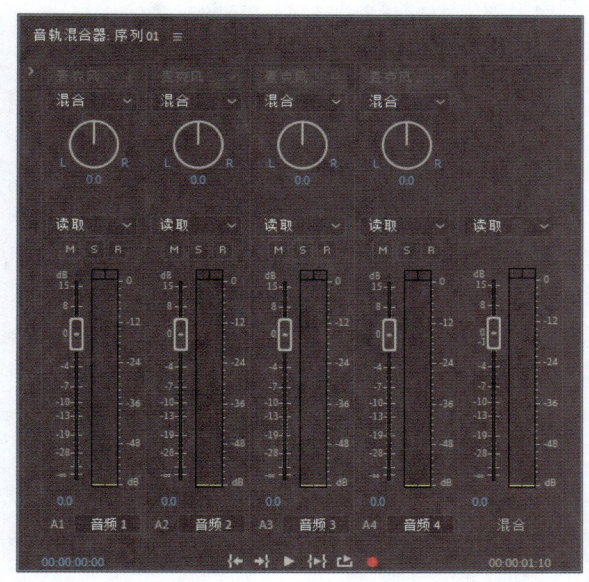

图7-25

1. 轨道音频控制器

"音轨混合器"面板中的轨道音频控制器用于调节对应轨道上的音频对象，控制器1对应"音频1（A1）"、控制器2对应"音频2（A2）"，依此类推。轨道音频控制器的数量由"时间轴"面板中的音频轨道数决定，在"时间轴"面板中添加音频轨道时，"音轨混合器"面板中将自动添加一个轨道音频控制器与其对应。

轨道音频控制器由控制按钮、声道调节旋钮及音量调节滑块组成。

控制按钮：轨道音频控制器中的控制按钮可以设置音频调节时的状态，如图7-26所示。

单击"静音轨道"按钮 M ，该轨道音频将被设置为静音状态。

单击"独奏轨道"按钮 S ，其他未激活该按钮的轨道音频会被自动设置为静音状态。

单击"启用轨道以进行录制"按钮 R ，可以利用输入设备将声音录制到目标轨道上。

声道调节旋钮：如果对象为双声道音频，可以使用声道调节旋钮调节其播放声道，如图7-27所示。向左转动旋钮，会输出到左声道（L）；向右转动旋钮，可以输出到右声道（R）。

图7-26

图7-27

音量调节滑块：通过音量调节滑块可以控制当前轨道音频对象的音量（以分贝数显示音量），如图7-28所示。向上拖曳滑块，可以增大音量；向下拖曳滑块，可以减小音量。下方数值框中显示的是当前音量，也可直接在数值框中输入音频的音量大小。播放音频时，该面板左侧为音量表，显示音频播放时的音量大小；音量表顶部的小方块显示系统所能处理的音量极限，当方块显示为红色时，表示该音频的音量超过极限，音量过大。

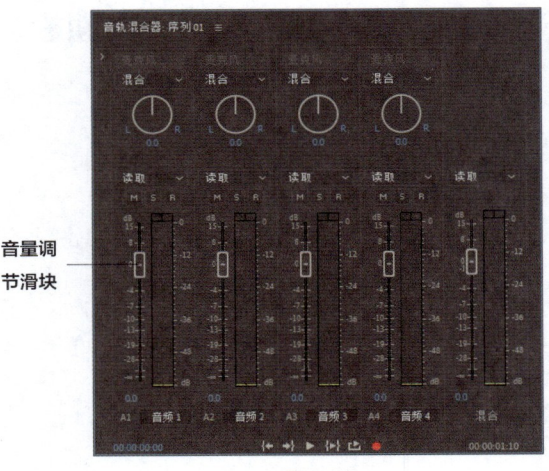

2. 主音频控制器

使用主音频控制器可以调节"时间轴"面板中所有轨道上的音频对象。主音频控制器的使用方法与轨道音频控制器的使用方法相同。

音量调
节滑块

3. 播放控制器

播放控制器用于播放音频，其使用方法与监视器中播放控制栏的使用方法相同，如图7-29所示。

图7-28

图7-29

7.1.3 设置"音轨混合器"面板

单击"音轨混合器"面板上方的 ■ 按钮，弹出的菜单如图7-30所示。

显示/隐藏轨道： 选择此命令，会弹出图7-31所示的对话框，可以对"音轨混合器"面板中的轨道进行显示或隐藏。

显示音频时间单位： 可以在时间标尺上显示音频时间单位。

循环： 选择该命令后，系统会循环播放音频。

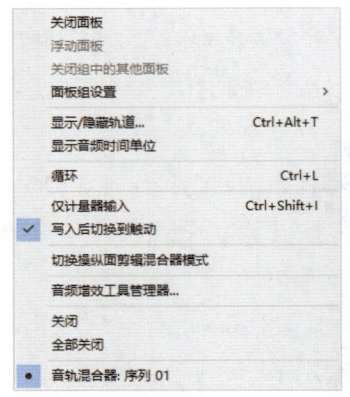

图7-30

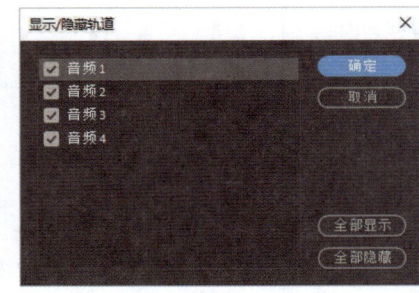

图7-31

7.1.4 使用"时间轴"面板调节音频

使用"时间轴"面板调节音频的操作步骤如下。

01 在默认情况下，音频轨道面板处于折叠状态，如图7-32所示。双击轨道左侧的空白处，可展开轨道面板，如图7-33所示。

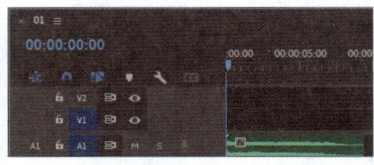

图7-32

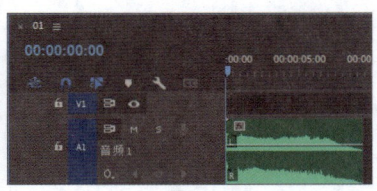

图7-33

02 选择"选择"工具▶，拖曳音频素材（或轨道）上的白线即可调节音量，如图7-34所示。

03 按住Ctrl键的同时，将鼠标指针移动到音频淡化器上，鼠标指针将变为▶状，单击添加关键帧，如图7-35所示。

04 根据需要添加多个关键帧。单击并按住鼠标左键上下拖曳关键帧，关键帧之间的连线指示了音频素材的淡入或淡出效果：一条递增的线表示音频淡入，一条递减的线表示音频淡出，如图7-36所示。

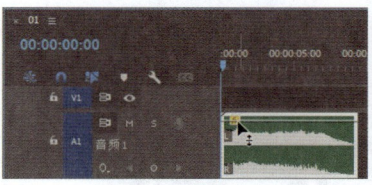 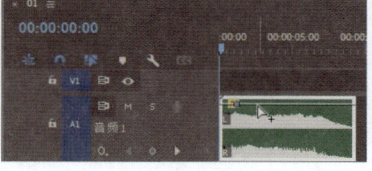 

图7-34　　　　　　　　　　图7-35　　　　　　　　　　图7-36

7.1.5 使用"音轨混合器"面板调节音频

使用"音轨混合器"面板调节音频非常方便，用户可以在播放音频时实时进行音量调节。

使用"音轨混合器"面板调节音频的操作步骤如下。

01 在"时间轴"面板的音频轨道左侧单击◎按钮，在弹出的菜单中选择"轨道关键帧 > 音量"命令。

02 在"音轨混合器"面板上方需要进行调节的轨道上单击"自动模式"选项，在弹出的下拉列表中选择"写入"选项，如图7-37所示。

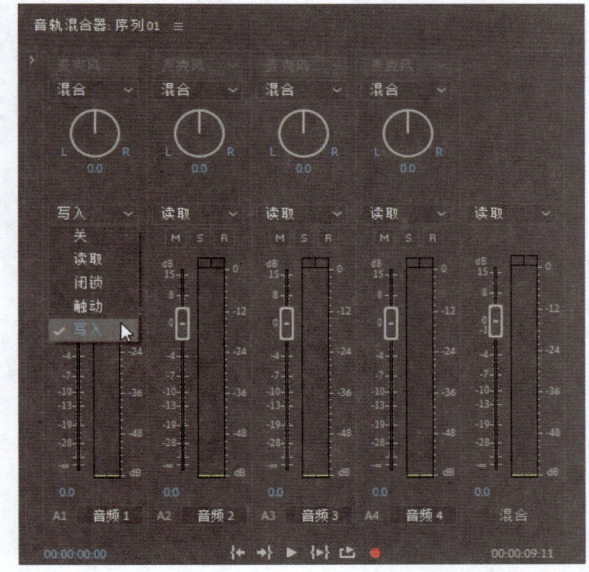

图7-37

03 单击"音轨混合器"面板中的"播放-停止切换"按钮▶，开始播放音频，拖曳音量调节滑块进行调节，调节完成后，"时间轴"面板中会自动记录结果，如图7-38所示。

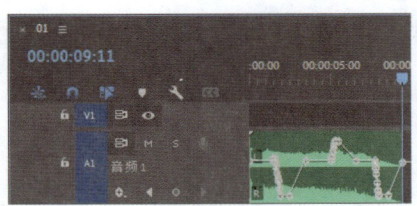

图7-38

7.1.6 认识"基本声音"面板

选择"窗口 > 基本声音"命令，打开"基本声音"面板，如图7-39所示。在该面板中选择剪辑类型，如"对话""音乐""SFX""环境"，会显示相应的选项，以编辑、修复声音。

单击"对话"按钮，显示相应的选项，如图7-40所示，可以设置响度，降低隆隆声、消除嗡嗡声和齿声，提高对话的清晰度，创建伪声效果，还可以调整音量。

单击"音乐"按钮，显示相应的选项，如图7-41所示，可以设置响度，调整持续时间，使用自动回避功能，还可以调整音量。

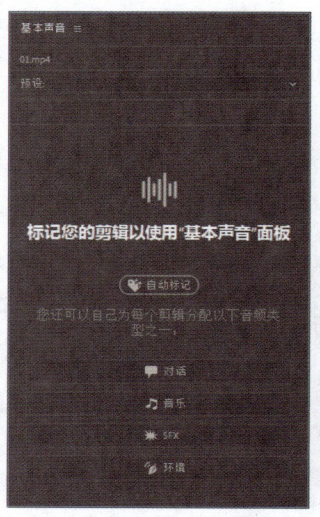

图7-39

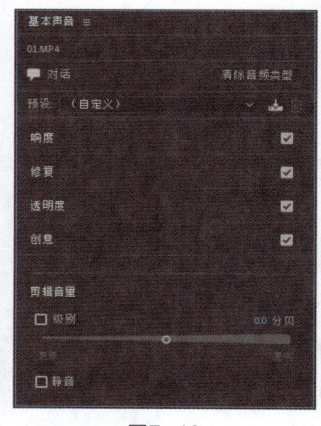

图7-40

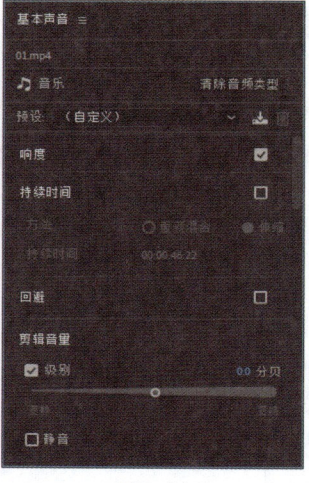

图7-41

单击"SFX"按钮，显示相应的选项，如图7-42所示，可以设置响度，创建混响效果，调整平移效果，还可以调整音量。

单击"环境"按钮，显示相应的选项，如图7-43所示，可以设置响度，创建混响效果，设置立体声宽度，使用自动回避功能，还可以调整音量。

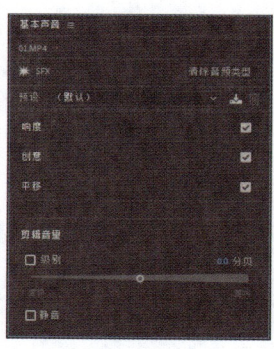

图7-42

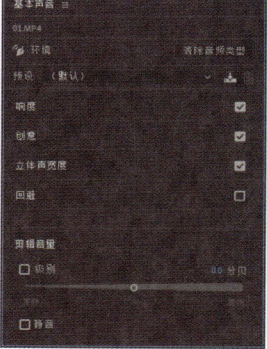

图7-43

任务7.2　掌握音频的编辑方法

本任务主要是让读者通过任务实践学习视频和音频的分离方法，通过了解任务知识掌握调整速度和持续时间、调整音频增益、分离和链接视频和音频等多种基本操作。

任务实践　调整丹顶鹤纪录片的音频

任务目标　学习使用"取消链接"命令分离视频和音频。

任务要点　使用"导入"命令导入素材，使用"速度/持续时间"命令调整影片播放速度，使用"取消链接"命令分离视频和音频，使用"效果控件"面板调整音频的淡入淡出效果。最终效果参看学习资源中的"项目7\调整丹顶鹤纪录片的音频\调整丹顶鹤纪录片的音频"，如图7-44所示。

图7-44

任务制作

01 启动Premiere Pro 2024，选择"文件 > 新建 > 项目"命令，进入"导入"界面，如图7-45所示，单击"创建"按钮，新建项目。选择"文件 > 新建 > 序列"命令，弹出"新建序列"对话框，切换到"设置"选项卡，选项设置如图7-46所示，单击"确定"按钮，新建序列。

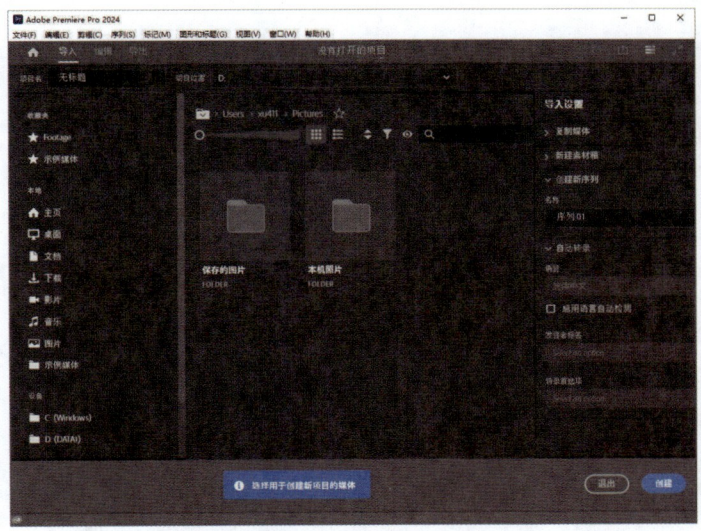

图7-45

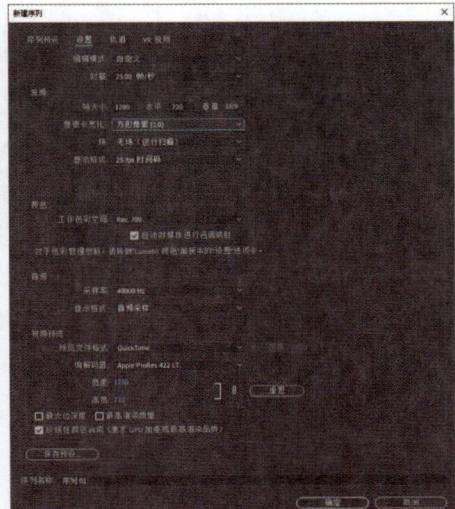

图7-46

02 选择"文件 > 导入"命令，弹出"导入"对话框，选择本书学习资源中的"项目7\调整丹顶鹤纪录片的音频\素材"目录中的"01"和"02"文件，如图7-47所示，单击"打开"按钮，将素材文件导入"项目"面板中，如图7-48所示。

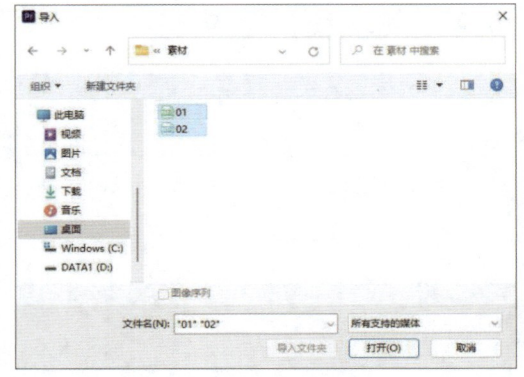
图7-47

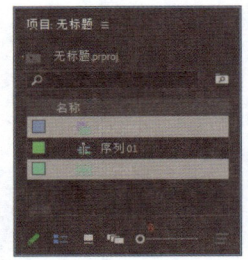
图7-48

03 在"项目"面板中，选中"01"文件并将其拖曳到"时间轴"面板的"V1"轨道中，如图7-49所示。选中"时间轴"面板的"01"文件，单击鼠标右键，在弹出的菜单中选择"取消链接"命令，取消视频和音频的链接。选择下方的音频，按Delete键，删除音频，如图7-50所示。

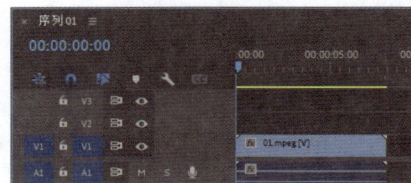
图7-49

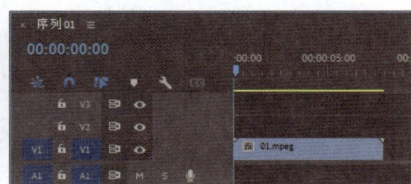
图7-50

04 在"时间轴"面板中，选中"01"文件并单击鼠标右键，在弹出的菜单中选择"速度/持续时间"命令，弹出对话框，设置如图7-51所示，单击"确定"按钮，调整素材，如图7-52所示。

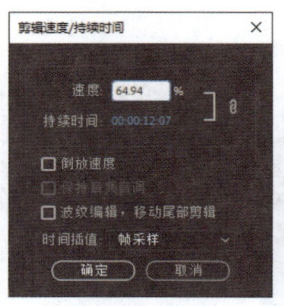
图7-51

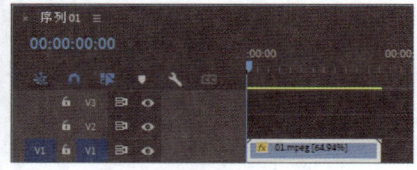
图7-52

05 双击"项目"面板中的"02"文件，在"源"监视器中打开"02"文件，如图7-53所示。将播放指示器移动至00:00:04:09的位置，按I键，创建标记入点，如图7-54所示。将播放指示器移动至00:00:16:16的位置，按O键，创建标记出点，如图7-55所示。选中"源"监视器中的"02"文件并将其拖曳到"时间轴"面板的"A1"轨道中，如图7-56所示。

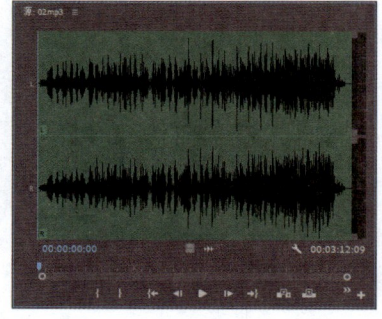
图7-53

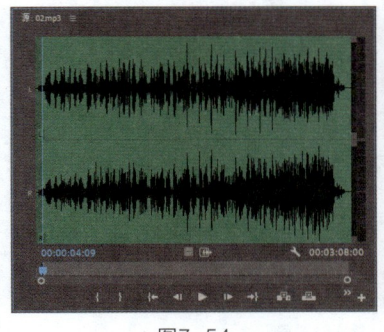 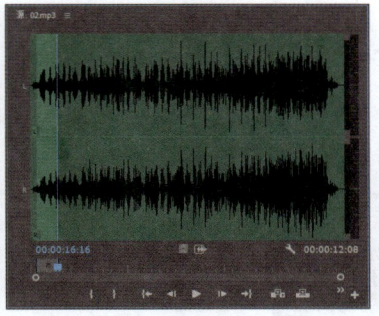 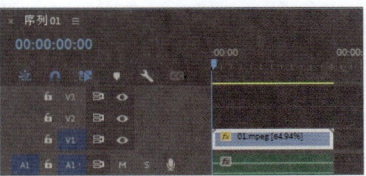

图7-54 图7-55 图7-56

06 选中"时间轴"面板中的"02"文件。在"效果控件"面板中，展开"音量"选项，将"级别"选项设置为-999，如图7-57所示，记录第1个动画关键帧。将播放指示器移动至00:00:00:16的位置，在"效果控件"面板中，将"级别"选项设置为0dB，如图7-58所示，记录第2个动画关键帧。

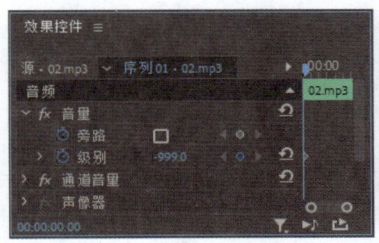 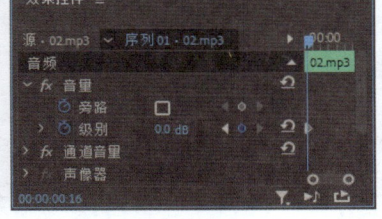

图7-57 图7-58

07 将播放指示器移动至00:00:11:20的位置，在"效果控件"面板中，单击"级别"选项右侧的"添加/移除关键帧"按钮 ，如图7-59所示，记录第3个动画关键帧。将播放指示器移动至00:00:12:08的位置，在"效果控件"面板中，将"级别"选项设置为-999，记录第4个动画关键帧，如图7-60所示。丹顶鹤纪录片的音频调整完成。

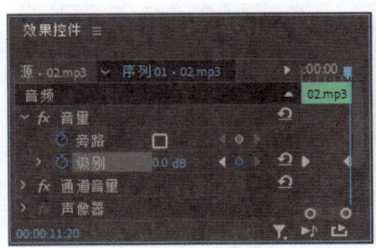 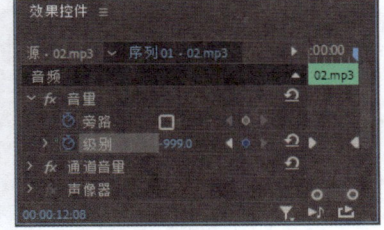

图7-59 图7-60

任务知识

7.2.1 调整速度和持续时间

与视频素材的编辑一样，在应用音频素材时，也可以对其播放速度和时间长度进行设置，具体操作步骤如下。

01 选中要调整的音频素材。选择"剪辑 > 速度/持续时间"命令，在弹出的对话框中对音频素材的播放速度及持续时间进行调整，如图7-61所示，单击"确定"按钮。

02 在"时间轴"面板中直接拖曳音频素材的边缘，可改变音频轨道上音频素材的长度。也可以选择"剃刀"工具，对音频素材进行切割，如图7-62所示，然后将不需要的部分删除。

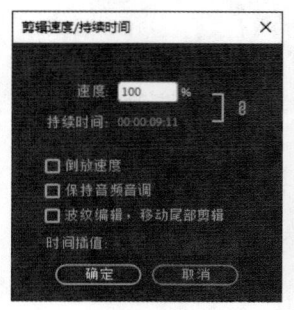 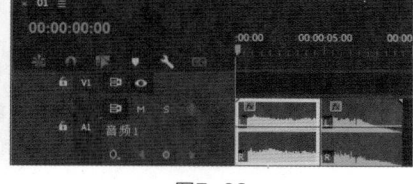

图7-61　　　　　　　　　　　图7-62

7.2.2 调整音频增益

音频增益指的是音频信号的声调高低。当一个视频片段同时拥有几个音频素材时，就需要平衡音频素材的增益。因为如果一个素材的音频信号的声调太高或太低，就会严重影响播放时的音频效果。使用"音频增益"功能的具体操作步骤如下。

01 选择"时间轴"面板中需要调整的音频素材，如图7-63所示。

02 选择"剪辑 > 音频选项 > 音频增益"命令，会弹出"音频增益"对话框，如图7-64所示，其中"峰值振幅"为软件自动计算的该素材的峰值振幅，可以作为调整增益时的参考。

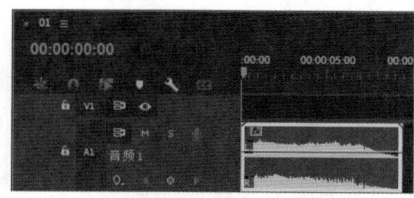 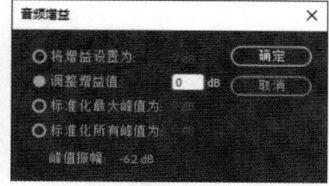

图7-63　　　　　　　　　　　图7-64

将增益设置为： 可以设置增益为特定值。该值始终会更新为当前增益，即使未选中左侧的单选按钮也可显示。

调整增益值： 可以调整增益值。"将增益设置为"的值会根据此值自动更新。

标准化最大峰值为： 可以设置最大峰值振幅。

标准化所有峰值为： 可以设置峰值振幅。

03 设置完成后，可以通过"源"监视器查看处理后的音频波形变化。播放修改后的音频素材，试听音频效果。

7.2.3　分离和链接视/音频

在编辑视/音频的过程中，经常需要将"时间轴"面板中的视/音频链接素材的视频和音频部分分离。用户可以完全打断或暂时释放链接素材的链接关系并重新设置音频或视频部分。

在Premiere Pro 2024中，音频素材和视频素材有两种链接关系：硬链接和软链接。如果链接的视频和音频来自同一个影片文件，则是硬链接，"项目"面板中只显示一个素材，硬链接是在素材导入Premiere Pro 2024之前就建立的，音频和视频部分在"时间轴"面板中显示为相同的颜色，如图7-65所示。软链接是在"时间轴"面板中建立的链接，用户可以在"时间轴"面板中为音频素材和视频素材建立软链接，软链接的音频素材和视频素材在"项目"面板中保持着各自的完整性，在"时间轴"面板中显示为不同的颜色，如图7-66所示。

　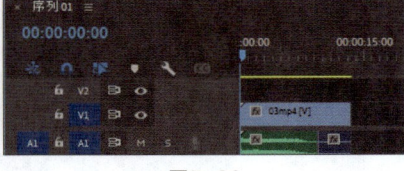

　　图7-65　　　　　　　　　　　　　　　　图7-66

如果要打断链接在一起的视/音频，只需在轨道上选择对象，单击鼠标右键，在弹出的菜单中选择"取消链接"命令，如图7-67所示。如果要把分离的视/音频素材链接在一起，作为一个整体进行操作，则只需框选需要链接的视/音频，单击鼠标右键，在弹出的菜单中选择"链接"命令，如图7-68所示。

链接在一起的素材被断开后，分别移动音频和视频部分，使它们错位，然后再将它们链接在一起，系统会在片段上标识错位的时间，如图7-69所示，负值表示向前偏移，正值表示向后偏移。

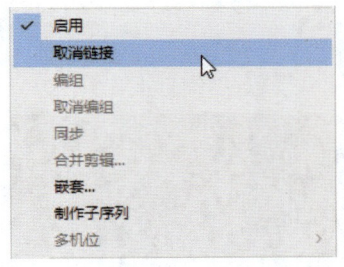　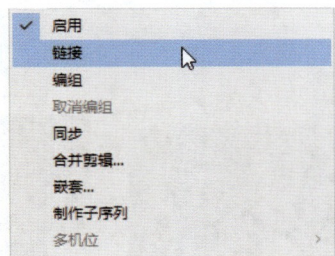　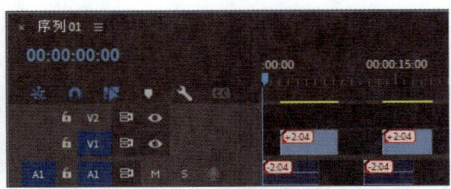

　　图7-67　　　　　　　　　图7-68　　　　　　　　　　图7-69

任务7.3　掌握音频效果的添加

本任务主要是让读者通过任务实践学习不同音频效果的使用，通过了解任务知识熟悉不同的音频类型，以便在以后的工作中更加便捷地查找使用。

任务实践 **添加家生活短视频片头的音频**

任务目标 学习音频效果的添加。

任务要点 使用"导入"命令导入素材，使用"交叉溶解"效果制作视频之间的过渡，使用"速度/持续时间"命令调整影片播放速度，使用"低通"效果和"低音"效果为音频添加重低音效果。最终效果参看学习资源中的"项目7\添加家生活短视频片头的音频\添加家生活短视频片头的音频.prproj"，如图7-70所示。

图7-70

任务制作

01 启动Premiere Pro 2024，选择"文件 > 新建 > 项目"命令，进入"导入"界面，如图7-71所示，单击"创建"按钮，新建项目。选择"文件 > 新建 > 序列"命令，弹出"新建序列"对话框，切换到"设置"选项卡，设置如图7-72所示，单击"确定"按钮，新建序列。

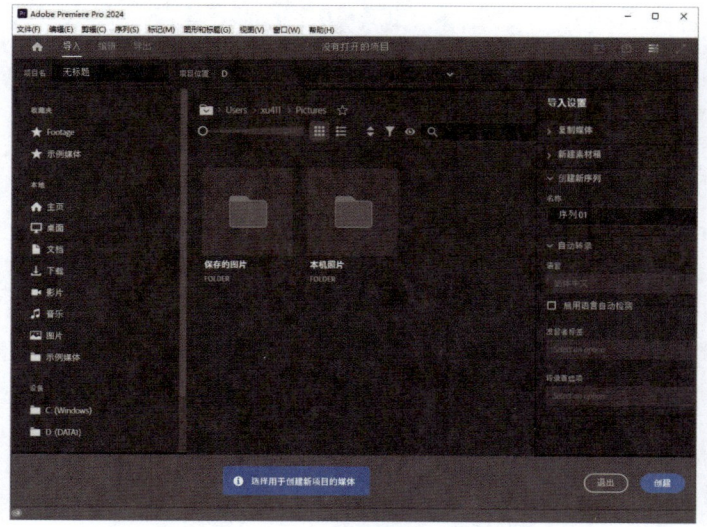

图7-71

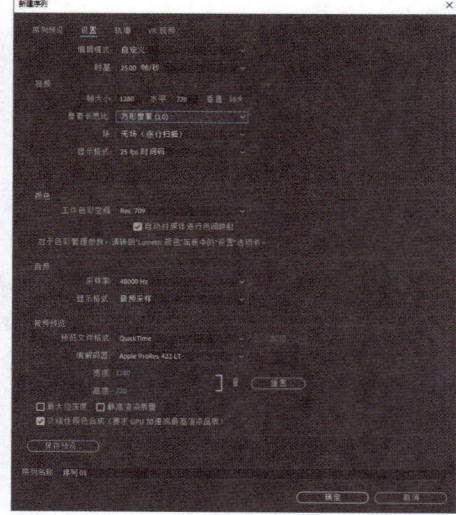

图7-72

02 选择"文件 > 导入"命令，弹出"导入"对话框，选择本书学习资源中的"项目7\添加家生活短视频片头的音频\素材"目录中的"01"~"03"文件，如图7-73所示，单击"打开"按钮，将素材导入"项目"面板中，如图7-74所示。

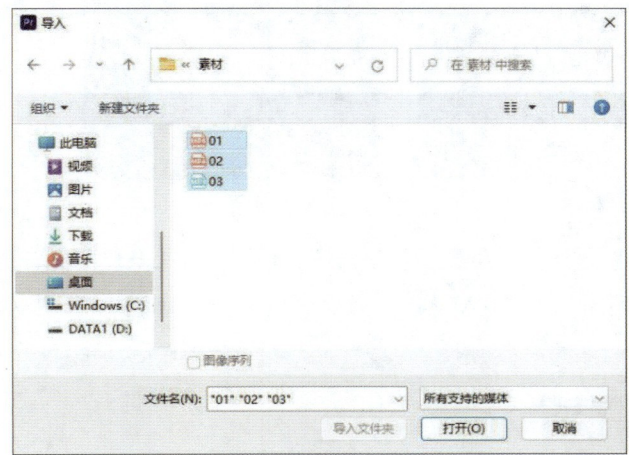
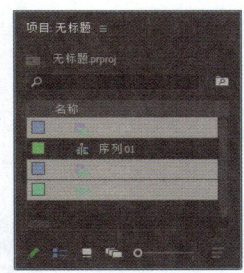

图7-73 　　　　　　　　　　　　　　　　　图7-74

03 在"项目"面板中，选中"01"文件并将其拖曳到"时间轴"面板中的"V1"轨道中，弹出"剪辑不匹配警告"对话框，单击"保持现有设置"按钮，在保持现有序列设置的情况下将"01"文件放置在"V1"轨道中，如图7-75所示。在"01"文件上单击鼠标右键，在弹出的菜单中选择"速度/持续时间"命令，弹出对话框，设置如图7-76所示，单击"确定"按钮。

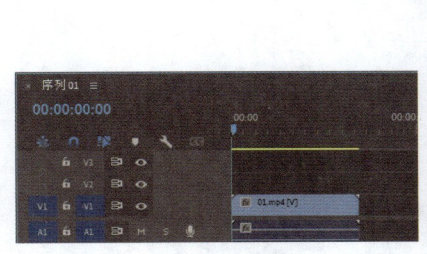

图7-75 　　　　　　　　　　　　　　　图7-76

04 将"项目"面板中的"02"文件拖曳到"时间轴"面板中的"V1"轨道中，如图7-77所示。在"02"文件上单击鼠标右键，在弹出的菜单中选择"速度/持续时间"命令，弹出对话框，设置如图7-78所示，单击"确定"按钮。

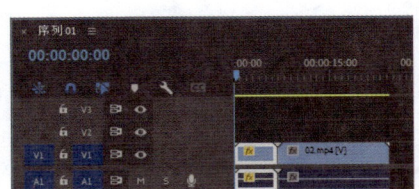
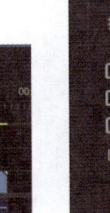

图7-77　　　　　　　　　　图7-78

05 切换到"效果"面板，展开"视频过渡"分类选项，单击"溶解"文件夹左侧的▶按钮将其展开，选中"交叉溶解"效果，如图7-79所示。将"交叉溶解"效果拖曳到"时间轴"面板"V1"轨道中的"01"文件和"02"文件的中间位置，如图7-80所示。

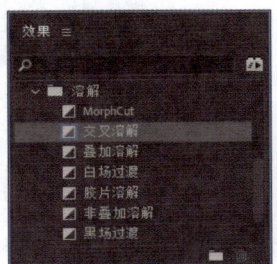

图7-79　　　　　　　　　　图7-80

06 在"项目"面板中，选中"03"文件并将其拖曳到"时间轴"面板中的"A1"轨道中，覆盖原文件的音频，如图7-81所示。在"03"文件上单击鼠标右键，在弹出的菜单中选择"速度/持续时间"命令，弹出对话框，设置如图7-82所示，单击"确定"按钮。

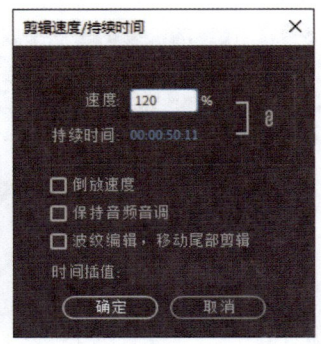

图7-81　　　　　　　　　　图7-82

07 将鼠标指针放在"03"文件的结束位置并单击，显示编辑点，当鼠标指针呈◀状时，向左拖曳其到与"02"文件的结束位置齐平，如图7-83所示。切换到"效果"面板，展开"音频效果"分类选项，单击"滤波器和EQ"文件夹左侧的▶按钮将其展开，选中"低通"效果，如图7-84所示。将"低通"效果拖曳到"时间轴"面板"A1"轨道中的"03"文件上。

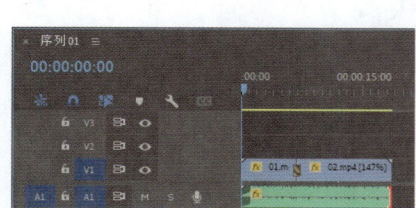
图7-83

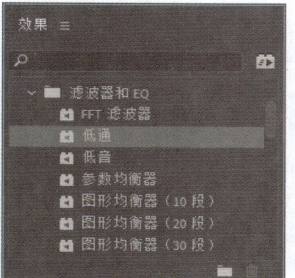
图7-84

08 在"效果控件"面板中，展开"低通"效果，将"切断"设置为1373.5Hz，如图7-85所示。切换到"效果"面板，选中"低音"效果，如图7-86所示。将"低音"效果拖曳到"时间轴"面板"A1"轨道中的"03"文件上。在"效果控件"面板中，展开"低音"效果，将"增加"选项设置为6dB，如图7-87所示。家生活短视频片头的音频添加完成。

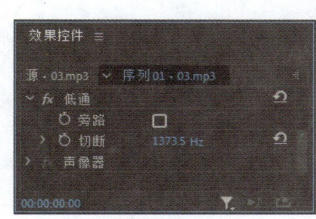
图7-85

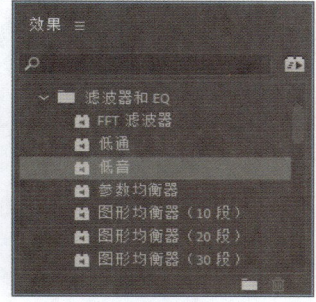
图7-86

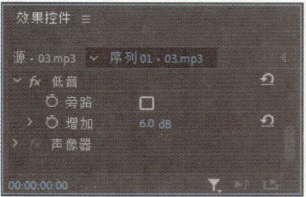
图7-87

任务知识

7.3.1　为音频素材添加效果

添加音频效果的方法与添加视频效果的方法相同，这里不再赘述。在"效果"面板中展开"音频效果"分类选项，如图7-88所示，选择音频效果进行添加并设置即可。展开"音频过渡"分类选项，如图7-89所示，选择音频过渡效果进行添加并设置即可。

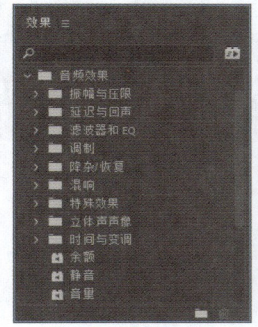
图7-88

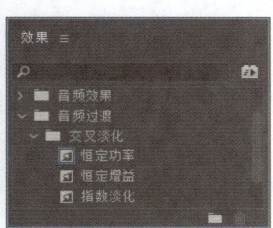
图7-89

7.3.2 为音频轨道添加效果

　　除了可以对轨道上的音频素材进行设置，还可以直接为音频轨道添加效果。在"音轨混合器"面板中，单击左上方的"显示/隐藏效果和发送"按钮▶，展开目标轨道的效果设置栏，单击右侧设置栏上的■按钮，弹出音频轨道效果下拉列表，如图7-90所示，选择需要使用的效果即可。可以在同一个音频轨道上添加多种效果并分别控制，如图7-91所示。

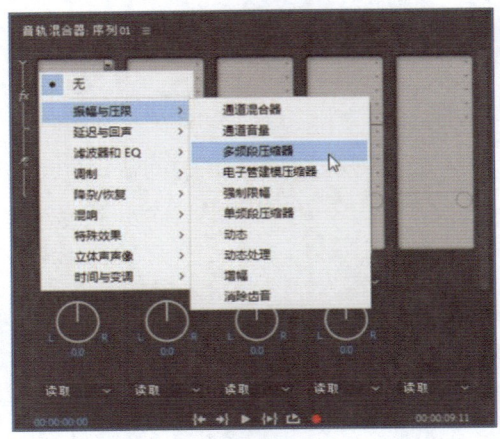

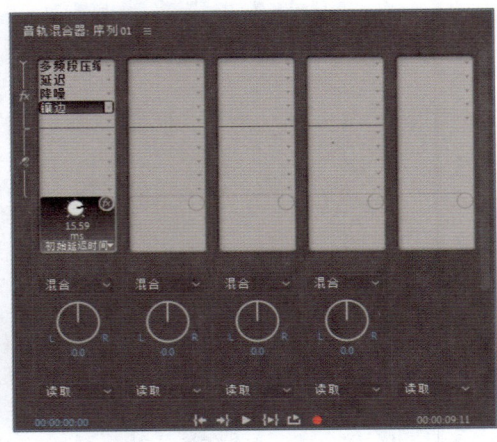

图7-90　　　　　　　　　　　　　　　　图7-91

　　若要编辑音频轨道的效果，可以在效果上单击鼠标右键，在弹出的菜单中选择"编辑"命令，如图7-92所示，再在弹出的对话框中进行更加详细的设置，如图7-93所示。

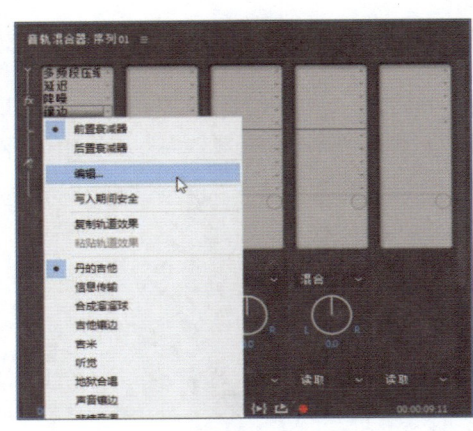

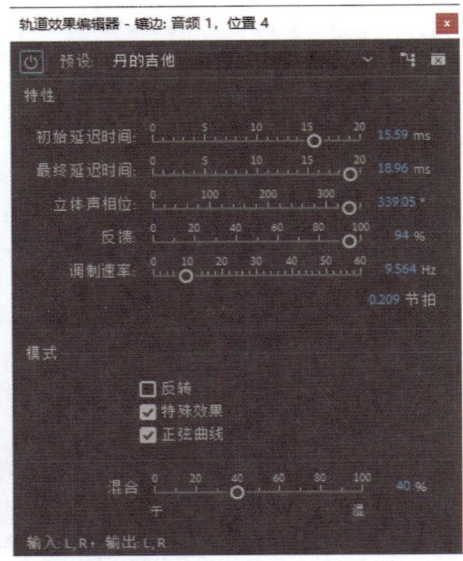

图7-92　　　　　　　　　　　　　　　　图7-93

项目实践 **合成冰糖葫芦短视频的音频**

项目要点 使用"导入"命令导入素材文件，使用"色阶"效果调整素材颜色，使用"旋转扭曲"效果制作文字效果，使用"速度/持续时间"命令调整素材的播放速度和持续时间，使用"低通"效果为音频添加效果。最终效果参看学习资源中的"项目7\合成冰糖葫芦短视频的音频\合成冰糖葫芦短视频的音频.prproj"，如图7-94所示。

图7-94

课后习题 **添加早安生活宣传片的音频效果**

习题要点 使用"导入"命令导入素材，使用"效果控件"面板调整音频的淡入淡出效果，使用"低通"效果为音频添加效果。最终效果参看学习资源中的"项目7\添加早安生活宣传片的音频效果\添加早安生活宣传片的音频效果.prproj"，如图7-95所示。

图7-95

项目 8

输出文件

本项目主要讲解Premiere Pro 2024中可输出的文件格式、影片项目的预演方法、相关参数设置及不同的输出方式。读者通过对本项目的学习，可以掌握输出文件的方法和技巧。

学习目标

- 掌握不同的预演方式。
- 熟练掌握常用输出格式和输出参数。

技能目标

- 掌握生成预演的方法。
- 熟练掌握输出各种格式文件的方法。

素养目标

- 培养能够正确使用预演方式的能力。
- 培养能够尽快按需输出影片文件的能力。
- 培养借助互联网获取有效信息的能力。

任务8.1　掌握影片项目的预演

本任务主要是让读者通过任务实践了解影片的预演，通过了解任务知识熟悉"实时预演"和"生成影片预演"两种影片预演，以便在以后的工作中更加便捷地对编辑效果进行预演检查。

任务实践　生成影视作品的预演

任务目标　学习通过监视器和渲染命令生成影片的预演。

任务制作

1. 影片实时预演

01 影片编辑完成后，在"时间轴"面板中将播放指示器移动至需要预演的片段的开始位置，如图8-1所示。

02 在"节目"监视器中单击"播放–停止切换"按钮▶️，即可开始播放节目，"节目"监视器中的预览效果如图8-2所示。

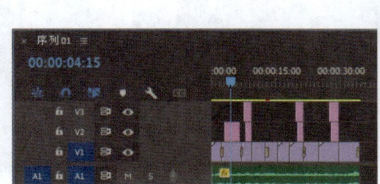

图8-1　　　　　　　　　　　　　　　图8-2

2. 生成影片预演

01 影片编辑完成以后，在适当的位置标记入点和出点，以确定要生成影片预演的范围，如图8-3所示。

02 选择"序列 > 渲染入点到出点"命令，系统将开始进行渲染，并弹出"渲染"对话框，显示渲染进度，如图8-4所示。

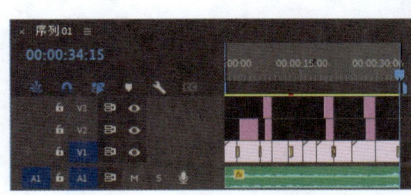
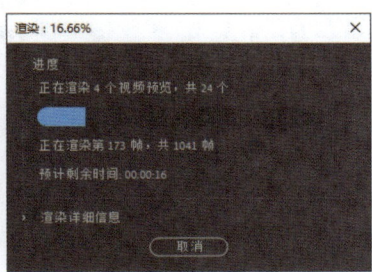

图8-3　　　　　　　　　　　　　　　图8-4

03 在"渲染"对话框中单击"渲染详细信息"选项前面的▶按钮，可以查看渲染的开始时间、已用时间和可用磁盘空间等信息。

04 渲染结束后，系统会自动播放该片段，在"时间轴"面板中，预演部分将会显示绿色线条，如图8-5所示。

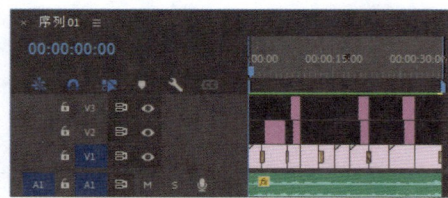

图8-5

05 如果事先设置了预演文件的保存路径，就可以在计算机的硬盘中找到预演生成的临时文件，如图8-6所示。双击该文件，则可以脱离Premiere Pro 2024程序进行播放，如图8-7所示。

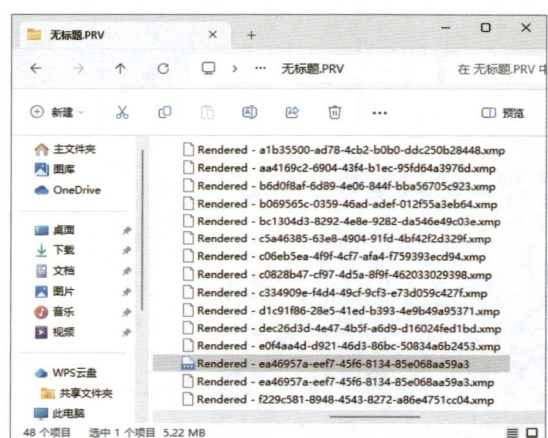

图8-6

图8-7

> **提示**　影片预演分为两种，一种是实时预演，另一种是生成影片预演。
>
> 实时预演，也称实时预览，即平时所说的预览，只需单击"节目"监视器中的"播放-停止切换"按钮▶即可。与实时预演不同，生成影片预演不是使用显卡对画面进行实时预演，而是通过计算机的CPU对画面进行运算，先生成预演文件，然后播放。因此，生成影片预演的效率取决于计算机CPU的运算能力。生成影片预演后，视频的画面是平滑的，不会产生停顿或跳跃，所呈现的画面效果和渲染输出的效果是完全一致的。
>
> 生成的预演文件可以重复使用，下一次预演该片段时会自动使用该预演文件。在关闭该项目文件时，如果不进行保存，预演生成的临时文件会自动删除；如果用户在修改预演区域片段后再次预演，就会重新渲染并生成新的预演临时文件。

任务8.2　掌握各种格式文件的输出

本任务主要是让读者通过任务实践学习不同格式文件的输出，通过了解任务知识掌握常用的输出文件格式和相关输出选项的设置，使文件输出更加准确快捷。

任务实践　输出不同格式的文件

任务目标　学习输出不同格式文件的方法。

任务制作

1. 输出单帧图像

01 在"时间轴"面板中选择需要输出的序列。选择"文件 > 导出 > 媒体"命令或单击菜单栏下方的"导出"标签，切换到"导出"选项卡，在"格式"下拉列表中选择"TIFF"选项，在"文件名"文本框中输入文件名，再将"位置"选项设置为文件的保存路径，如图8-8所示。

02 单击"导出"按钮，导出播放指示器所在位置的单帧图像。

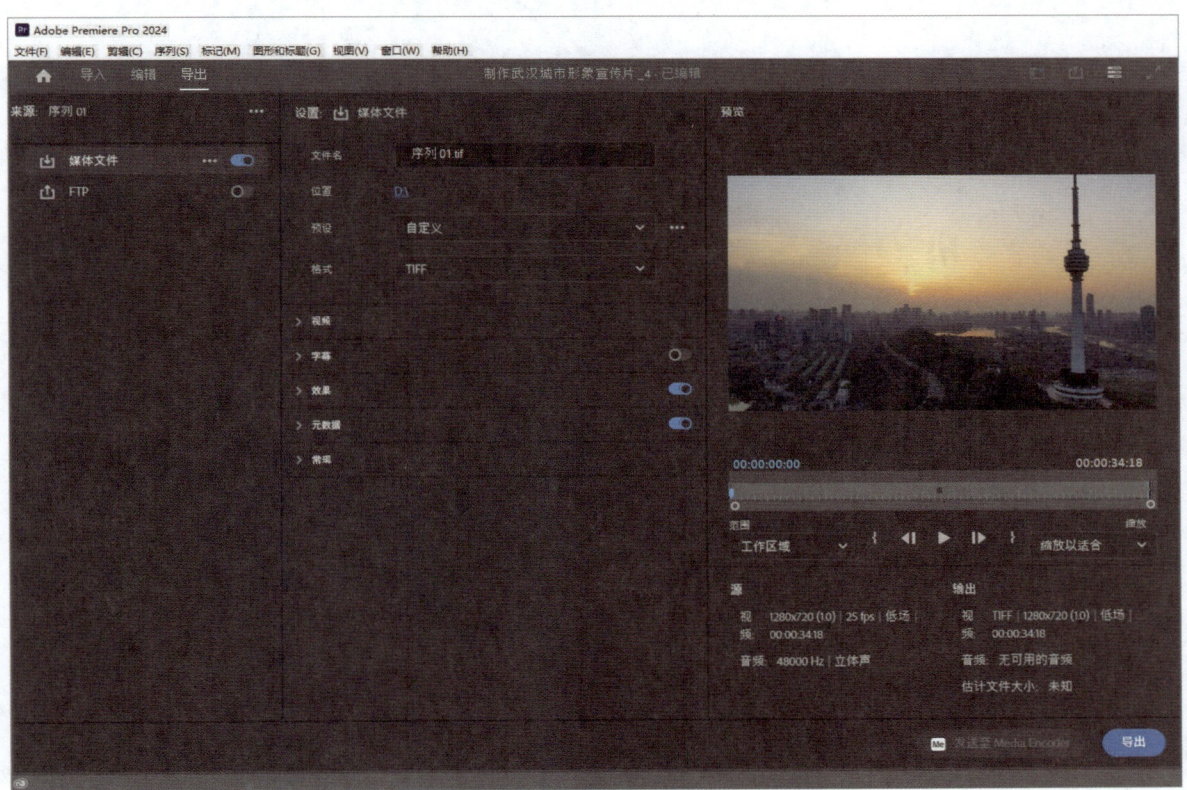

图8-8

2. 输出音频文件

01 在"时间轴"面板中选择需要输出的序列。选择"文件 > 导出 > 媒体"命令或单击菜单栏下方的"导出"标签，切换到"导出"选项卡，在"格式"下拉列表中选择"MP3"选项，在"文件名"文本框中输入文件名，再将"位置"选项设置为文件的保存路径，如图8-9所示。

02 单击"导出"按钮，导出音频文件。

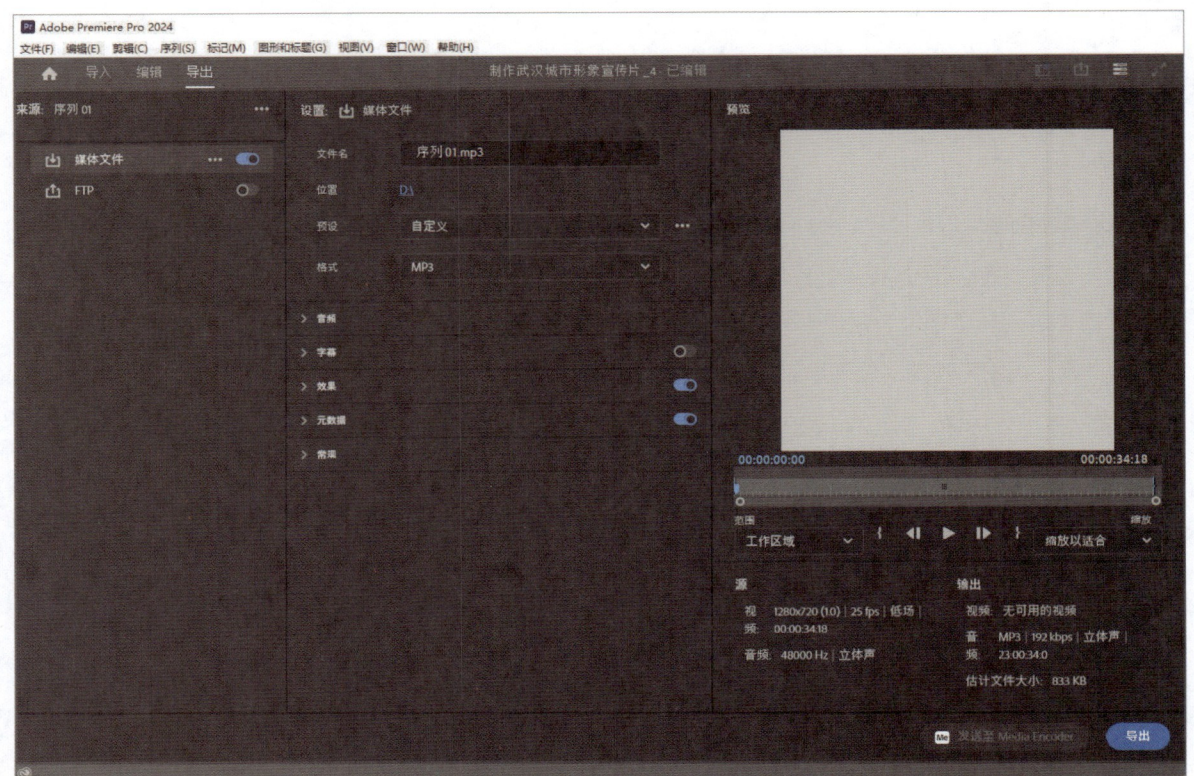

图8-9

3. 输出整个影片

01 在"时间轴"面板中选择需要输出的序列。选择"文件 > 导出 > 媒体"命令或单击菜单栏下方的"导出"标签，切换到"导出"选项卡。

02 在"格式"下拉列表中选择"H.264"选项，在"预设"下拉列表中选择"高品质720p HD"选项，如图8-10所示。

03 在"文件名"文本框中输入文件名，将"位置"选项设置为文件的保存路径。

04 设置完成后，单击"导出"按钮，即可导出MP4格式的影片。

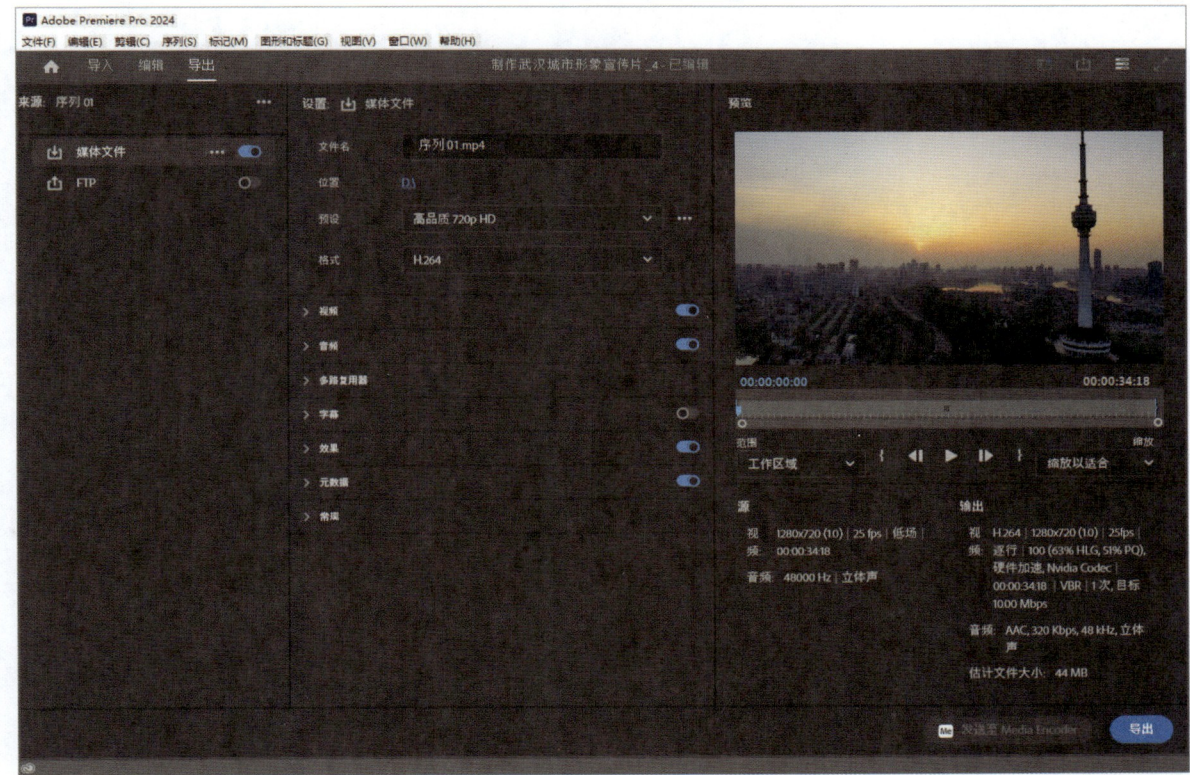

图8-10

任务知识

8.2.1　常用输出格式

在Premiere Pro 2024中，可以输出多种文件格式，包括视频格式、音频格式和图像格式等，下面进行详细介绍。

1. 可输出的视频格式

在Premiere Pro 2024中可以输出多种视频格式，常用的有以下几种。

（1）AVI：AVI格式的视频文件，适合保存高质量的视频，但文件较大。

（2）动画GIF：动画GIF格式的文件可以显示视频运动画面，但不包含音频部分。

（3）QuickTime：MOV格式的数字电影，适用于Windows和mac OS，支持在线下载。

（4）H.264：MP4格式的视频文件，适合输出高清视频和录制蓝光光盘。

（5）Windows Media：输出为WMV格式（流媒体格式），适合在网络和移动平台发布。

2. 可输出的音频格式

在Premiere Pro 2024中可以输出多种音频格式，常用的有以下几种。

（1）波形音频：WAV格式的音频，只输出影片的声音，适合发布在各个平台。

（2）AIFF：输出为AIFF音频，适合发布在剪辑平台。

此外，Premiere Pro 2024还支持输出MP3、Windows Media和QuickTime格式的音频。

3．可输出的图像格式

在Premiere Pro 2024中可以输出多种图像格式，主要包括Targa、TIFF和BMP等格式。

8.2.2 合理设置输出参数

在Premiere Pro 2024中，既可以将影片输出为用于电影或电视中播放的录像带，也可以输出为通过网络传输的网络流媒体格式，还可以输出为用来制作VCD或DVD光盘的AVI文件等。但无论输出的是何种类型，在输出文件之前，都必须合理地设置相关的输出参数，使输出的影片达到理想的效果。

8.2.3 输出选项

影片制作完成后即可输出，在输出影片之前，需要设置一些基本参数，具体操作步骤如下。

01 在"时间轴"面板中选择需要输出的视频序列。选择"文件 > 导出 > 媒体"命令或单击菜单栏下方的"导出"标签，切换到"导出"选项卡，如图8-11所示。

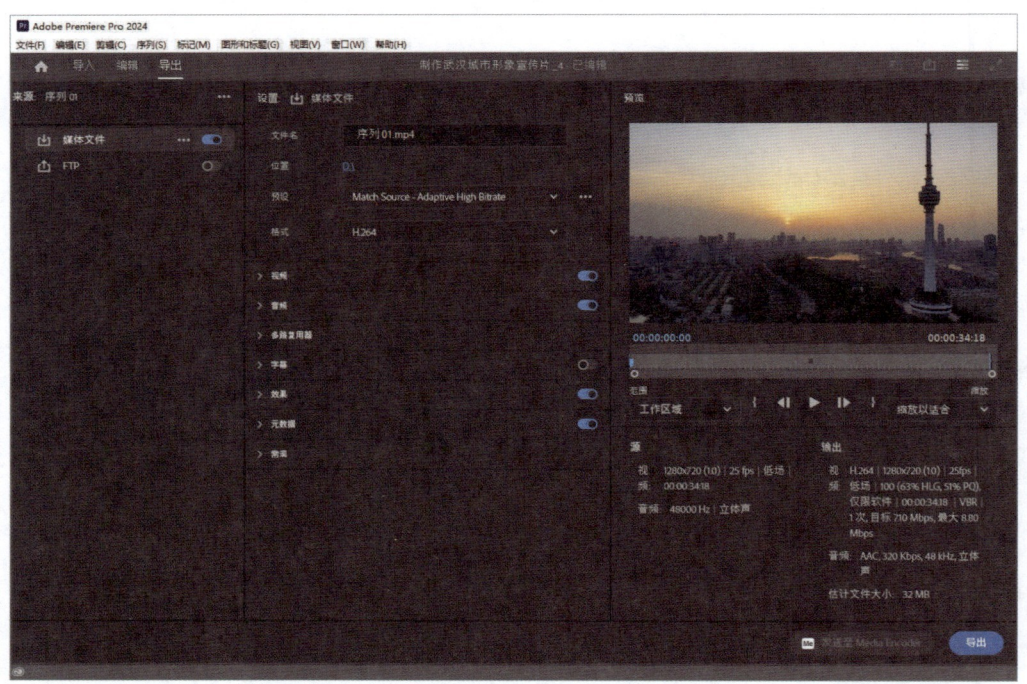

图8-11

02 在"导出"选项卡中，左侧为导出的目标，中间是输出的相关选项设置，右侧为输出预览和范围设置。

8.2.4　"视频"选项区域

在"视频"选项区域中，可以为输出的视频设置使用的格式、品质及影片尺寸等，如图8-12所示。

"视频"选项区域中主要选项的含义如下。

帧大小：用于设置影片的尺寸。

帧速率：用于设置每秒播放画面的帧数，提高帧速率可使画面播放得更流畅。如果将文件类型设置为Microsoft Video 1，那么DV PAL对应的帧速率是固定的25帧/秒；如果将文件类型设置为AVI，那么帧速率的数值可以在1~60的范围内选择。

场序：用于设置影片的场扫描方式，有"逐行""高场优先"和"低场优先"3种方式。

长宽比：用于设置视频制式的画面比。单击该选项右侧的 按钮，在弹出的下拉列表中可以选择需要的选项。

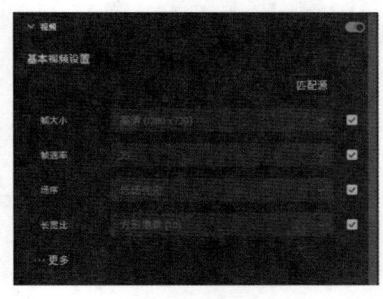

图8-12

8.2.5　"音频"选项区域

在"音频"选项区域中，可以为输出的音频设置使用的压缩方式、采样率及量化指标等，如图8-13所示。

"音频"选项区域中主要选项的含义如下。

音频格式：用于设置音频导出的格式。

音频编解码器：为输出的音频选择合适的编解码器。

采样率：用于设置输出音频所使用的采样速率。采样率越高，播放质量越好，但占用的磁盘空间越大，所需的处理时间也越长。

声道：在该选项的下拉列表中可以选择"单声道"或"立体声"选项。

比特率[kbps]：可以选择音频编码所用的比特率。比特率越高，质量越好。

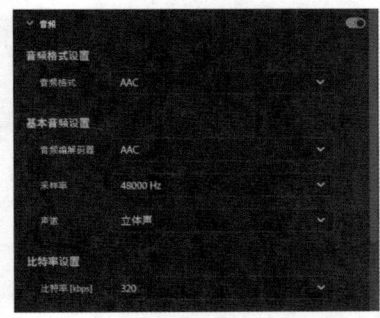

图8-13

项目 9

商业案例实训

本项目通过12个商业案例的制作，进一步讲解Premiere Pro 2024的功能和使用技巧，让读者能够快速地掌握软件的功能和知识要点，制作出变化丰富的多媒体效果。

学习目标

- 掌握软件的基本使用方法。
- 了解Premiere的常用设计领域。
- 掌握Premiere在不同设计领域的使用技巧。

技能目标

- 掌握节目片头视频的制作方法。
- 掌握节目包装视频的制作方法。
- 掌握广告的制作方法。
- 掌握宣传片的制作方法。

素养目标

- 培养对综合项目的管理和实施能力。
- 培养运用设计方法解决实际问题的能力。
- 培养能够准确观察和分析素材特点的能力。

任务9.1　掌握节目片头制作

节目片头用于引导观众对故事内容产生兴趣。本任务以多类主题的节目片头视频为例，讲解节目片头的构思方法和制作技巧，通过学习，读者可以设计和制作出具有自己独特风格的节目片头视频。

任务实践　制作旅行节目片头

任务背景

悦山旅游电视台是一家旅游类电视台，它主要介绍最新的旅游资讯并提供实用的旅行计划。本任务是为该电视台的旅行节目制作节目片头视频，要求符合旅游节目的主题，展现丰富多样的旅游景色和舒适安心的旅游环境。

任务要求

（1）以风景为主导元素。

（2）形式要简洁明晰，能表现节目特色。

（3）画面色彩要真实，给人自然舒适的感觉。

（4）画面内容要醒目直观，能够让人产生向往之情。

（5）设计规格：帧大小为1280×720，时基为25.00帧/秒，像素长宽比为方形像素(1.0)。

任务展示

图片素材所在位置：本书学习资源中的"项目9\制作旅行节目片头\素材"。

设计作品所在位置：本书学习资源中的"项目9\制作旅行节目片头\制作旅行节目片头. prproj"，效果如图9-1所示。

图9-1

任务要点　使用"导入"命令导入素材文件，使用"效果控件"面板调整素材文件的大小并制作动画，使用"速度/持续时间"命令调整视频播放速度，使用"效果"面板添加过渡和效果，使用"基本图形"面板添加介绍字幕和图形。

任务制作

01 启动Premiere Pro 2024，选择"文件 > 新建 > 项目"命令，进入"导入"界面，如图9-2所示，单击"创建"按钮，新建项目。选择"文件 > 新建 > 序列"命令，弹出"新建序列"对话框，切换到"设置"选项卡，选项设置如图9-3所示，单击"确定"按钮，新建序列。

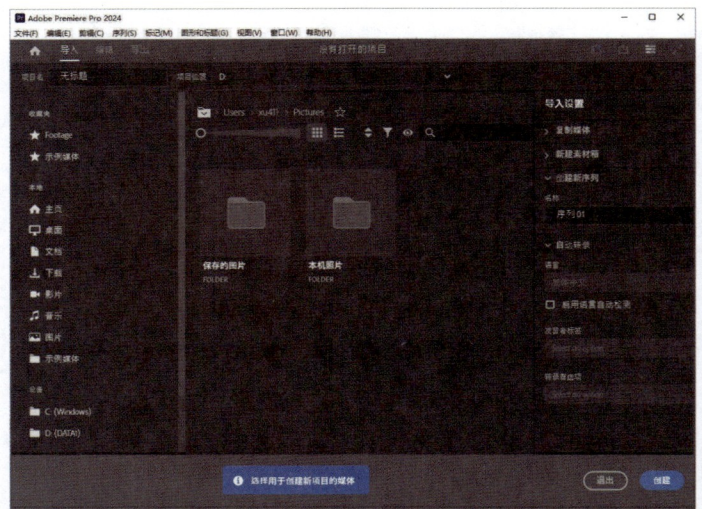
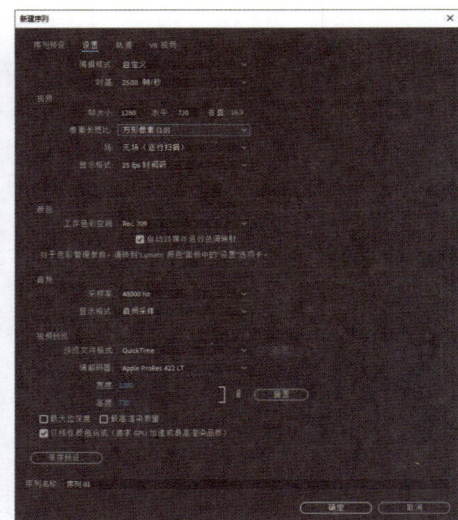

图9-2　　　　　　　　　　　　　　　　　图9-3

02 选择"文件 > 导入"命令，弹出"导入"对话框，选择本书学习资源中的"项目9\制作旅行节目片头\素材"目录下的"01"~"08"文件，如图9-4所示，单击"打开"按钮，将素材导入"项目"面板中，如图9-5所示。

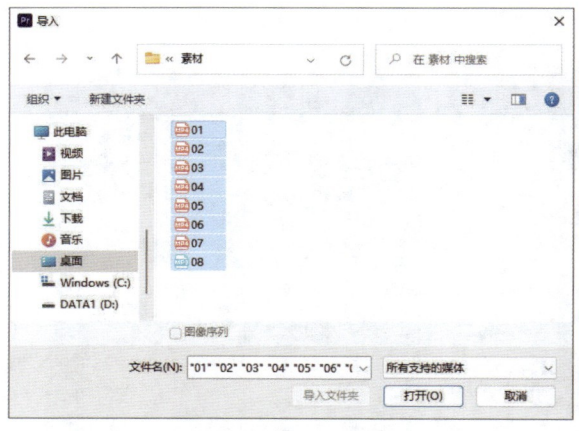
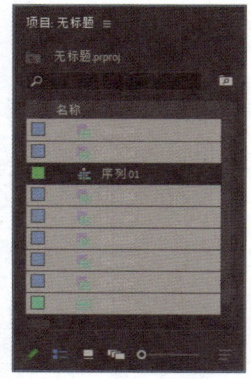

图9-4　　　　　　　　　　　　　　图9-5

03 在"项目"面板中，选中"01"文件并将其拖曳到"时间轴"面板中的"V1"轨道中，弹出"剪辑不匹配警告"对话框，单击"保持现有设置"按钮，在保持现有序列设置的情况下将"01"文件放置在"V1"轨道中，如图9-6所示。按住Alt键的同时，选择下方的音频，按Delete键，删除音频，如图9-7所示。

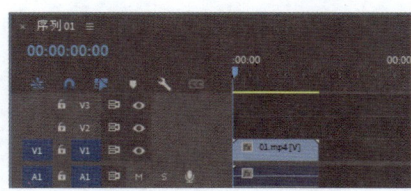
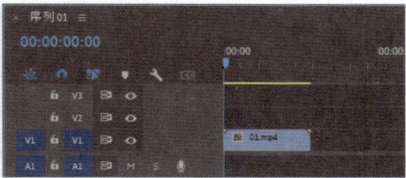

图9-6　　　　　　　　　　　　　　　　图9-7

04 将播放指示器移动至00:00:02:00的位置。将鼠标指针放在"01"文件的结束位置并单击，显示编辑点。按E键，将所选编辑点扩展到00:00:02:00的位置，如图9-8所示。

05 在"项目"面板中，选中"02"文件并将其拖曳到"时间轴"面板中的"V1"轨道中，如图9-9所示。将播放指示器移动至00:00:08:00的位置。将鼠标指针放在"02"文件的结束位置并单击，显示编辑点。按E键，将所选编辑点扩展到00:00:08:00的位置，如图9-10所示。

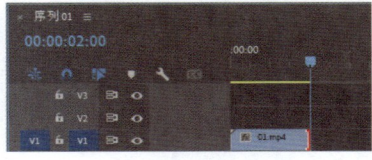

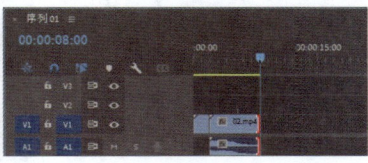

图9-8　　　　　　　　　　图9-9　　　　　　　　　　图9-10

06 将播放指示器移动至00:00:03:13的位置。选择"时间轴"面板中的"02"文件，在"效果控件"面板中展开"音量"选项，将"级别"选项设置为-11.9dB，如图9-11所示。单击"A1"轨道左侧图标，取消对A1轨道的选择，如图9-12所示。

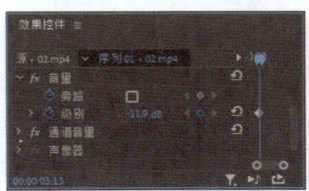
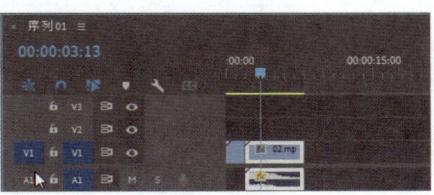

图9-11　　　　　　　　　　　　　图9-12

07 在"项目"面板中，选中"03"文件并将其拖曳到"时间轴"面板中的"V1"轨道中，如图9-13所示。选择"时间轴"面板中的"03"文件。选择"剪辑 > 速度/持续时间"命令，弹出"剪辑速度/持续时间"对话框，将"速度"选项设置为200%，如图9-14所示，单击"确定"按钮。

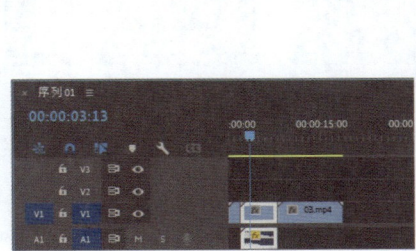
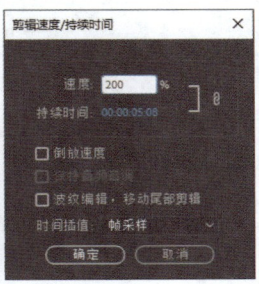

图9-13　　　　　　　　图9-14

08 将播放指示器移动至00:00:11:00的位置。将鼠标指针放在"03"文件的结束位置并单击，显示编辑点。按E键，将所选编辑点扩展到00:00:11:00的位置，如图9-15所示。在"项目"面板中，选中"04"文件并将其拖曳到"时间轴"面板中的"V1"轨道中，如图9-16所示。

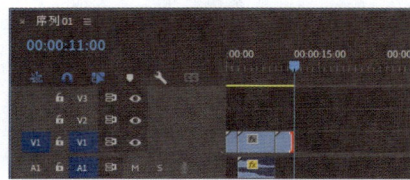
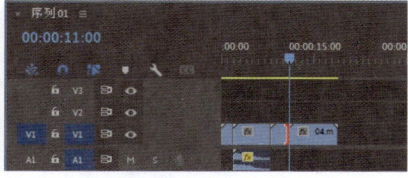

图9-15   图9-16

09 选择"时间轴"面板中的"04"文件。选择"剪辑 > 速度/持续时间"命令，弹出"剪辑速度/持续时间"对话框，将"速度"选项设置为200%，如图9-17所示，单击"确定"按钮。将播放指示器移动至00:00:13:01的位置。将鼠标指针放在"04"文件的结束位置并单击，显示编辑点。按E键，将所选编辑点扩展到00:00:13:01的位置，如图9-18所示。

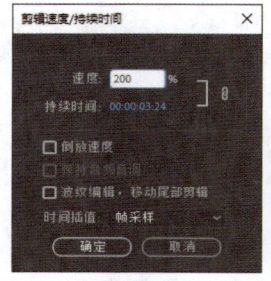

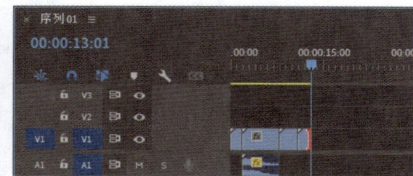

图9-17   图9-18

10 在"项目"面板中，选中"05"文件并将其拖曳到"时间轴"面板中的"V1"轨道中，如图9-19所示。选择"时间轴"面板中的"05"文件。选择"剪辑 > 速度/持续时间"命令，弹出"剪辑速度/持续时间"对话框，将"速度"选项设置为200%，如图9-20所示，单击"确定"按钮。

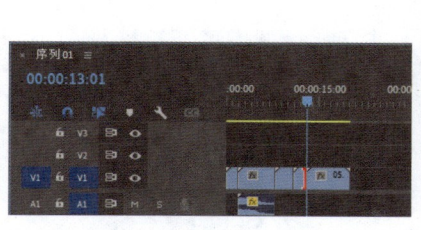
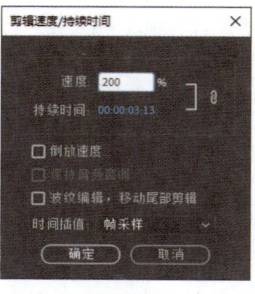

图9-19   图9-20

11 将播放指示器移动至00:00:15:01的位置。将鼠标指针放在"05"文件的结束位置并单击，显示编辑点。按E键，将所选编辑点扩展到00:00:15:01的位置，如图9-21所示。在"项目"面板中，选中"06"文件并将其拖曳到"时间轴"面板中的"V1"轨道中，如图9-22所示。

图9-21

图9-22

12 选择"时间轴"面板中的"06"文件。选择"剪辑 > 速度/持续时间"命令，弹出"剪辑速度/持续时间"对话框，将"速度"选项设置为200%，如图9-23所示，单击"确定"按钮。将播放指示器移动至00:00:18:02的位置。将鼠标指针放在"06"文件的结束位置并单击，显示编辑点。按E键，将所选编辑点扩展到00:00:18:02的位置，如图9-24所示。

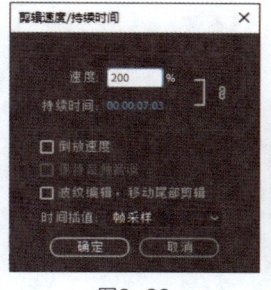
图9-23

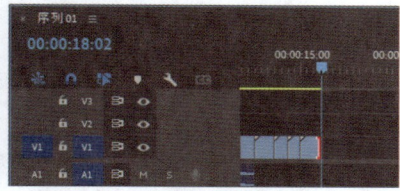
图9-24

13 在"效果"面板中展开"视频效果"分类选项，单击"调整"文件夹左侧的 ❯ 按钮将其展开，选中"色阶"效果，如图9-25所示。将"色阶"效果拖曳到"时间轴"面板"V1"轨道中的"06"文件上。切换到"效果控件"面板，展开"色阶"效果，选项设置如图9-26所示。

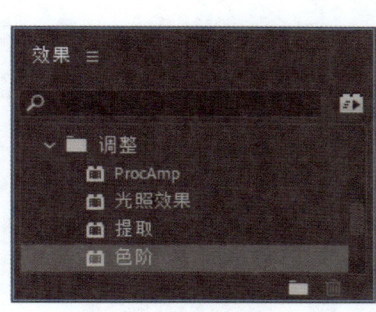

图9-25

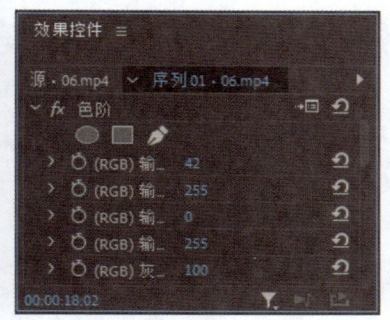
图9-26

14 在"项目"面板中，选中"07"文件并将其拖曳到"时间轴"面板中的"V1"轨道中，如图9-27所示。选择"时间轴"面板中的"07"文件。选择"剪辑 > 速度/持续时间"命令，弹出"剪辑速度/持续时间"对话框，将"速度"选项设置为220%，如图9-28所示，单击"确定"按钮。

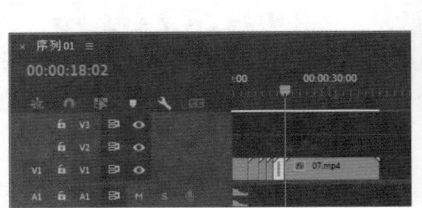

图9-27　　　　　　　　　　图9-28

15 将播放指示器移动至00:00:22:16的位置。将鼠标指针放在"07"文件的结束位置并单击，显示编辑点。按E键，将所选编辑点扩展到00:00:22:16的位置，如图9-29所示。在"效果"面板中展开"视频效果"分类选项，选中"色阶"效果。将"色阶"效果拖曳到"时间轴"面板"V1"轨道中的"07"文件上。切换到"效果控件"面板，展开"色阶"效果，选项设置如图9-30所示。

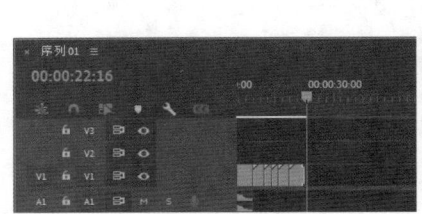
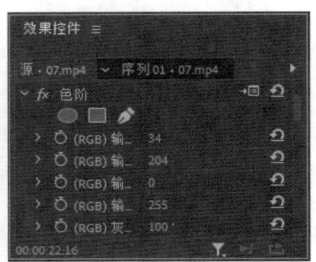

图9-29　　　　　　　　　　图9-30

16 在"效果"面板中展开"视频效果"分类选项，单击"颜色校正"文件夹左侧的▶按钮将其展开，选中"颜色平衡"效果，如图9-31所示。将"颜色平衡"效果拖曳到"时间轴"面板"V1"轨道中的"07"文件上。切换到"效果控件"面板，展开"颜色平衡"效果，选项设置如图9-32所示。

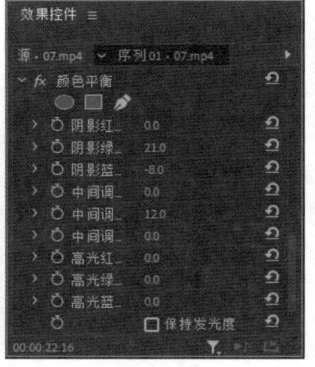

图9-31　　　　　　　　　　图9-32

17 切换到"项目"面板。选择"文件 > 新建 > 调整图层"命令，弹出对话框，如图9-33所示，单击"确定"按钮，在"项目"面板中新建一个调整图层，如图9-34所示。

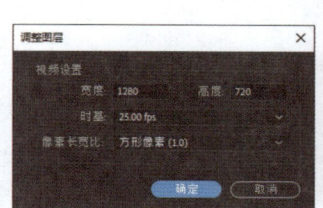

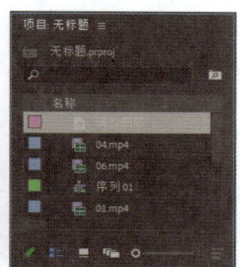

图9-33　　　　　　　　　　图9-34

18 选择"项目"面板中的"调整图层",将其拖曳到"时间轴"面板中的"V2"轨道中,如图9-35所示。将鼠标指针放在"调整图层"文件的结束位置并单击,显示编辑点。当鼠标指针呈◄状时,向右拖曳鼠标指针到与"07"文件的结束位置齐平,如图9-36所示。

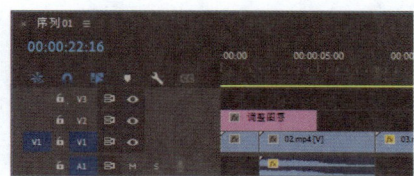

图9-35　　　　　　　　　　图9-36

19 在"效果"面板中选中"Lumetri颜色"效果,如图9-37所示。将"Lumetri颜色"效果拖曳到"时间轴"面板"V2"轨道中的"调整图层"文件上。切换到"效果控件"面板,展开"Lumetri颜色"效果,选项设置如图9-38所示。

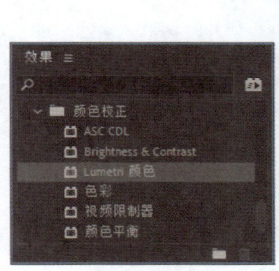

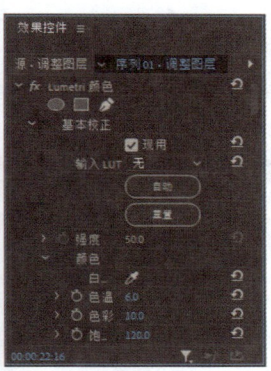

图9-37　　　　　　　　　　图9-38

20 将播放指示器移动至00:00:03:21的位置。在"基本图形"面板的"编辑"选项卡中,单击"新建图层"按钮,在弹出的菜单中选择"文本"命令。在"时间轴"面板中的"V3"轨道中生成"新建文本图层"文件,如图9-39所示。在"节目"监视器中生成文字,如图9-40所示。

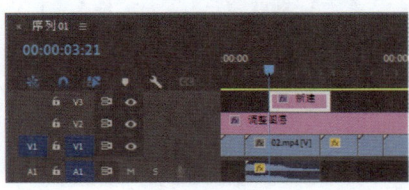

图9-39　　　　　　　　　　图9-40

21 将鼠标指针放在"新建文本图层"文件的结束位置并单击，显示编辑点，向左拖曳鼠标指针到与"02"文件的结束位置齐平，如图9-41所示。在"节目"监视器中选取并修改文字，效果如图9-42所示。

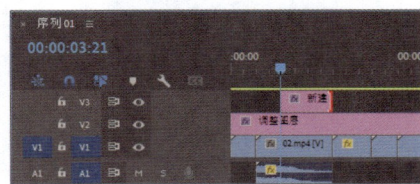 

图9-41　　　　　　　　　　　图9-42

22 选取"节目"监视器中的文字。在"效果控件"面板中展开"文本"选项，选项设置如图9-43和图9-44所示，"节目"监视器中的效果如图9-45所示。

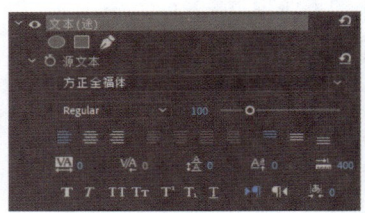  

图9-43　　　　　　　　　　图9-44　　　　　　　　　　图9-45

23 使用相同的方法制作其他文字，"基本图形"面板如图9-46所示，"节目"监视器中的文字效果如图9-47所示。

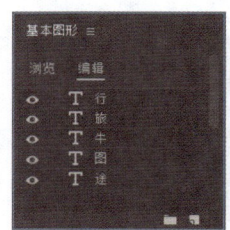 

图9-46　　　　　　　　　　图9-47

24 切换到"效果"面板，单击"透视"文件夹左侧的▶按钮将其展开，选中"投影"效果，如图9-48所示。将"投影"效果拖曳到"时间轴"面板"V3"轨道中的文本文件上。切换到"效果控件"面板，展开"投影"效果，选项设置如图9-49所示。

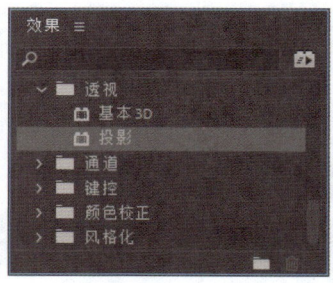 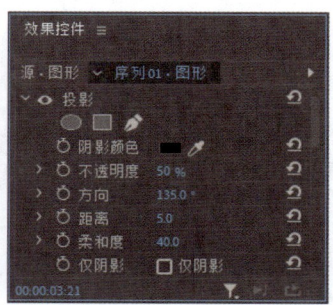

图9-48　　　　　　　　　　图9-49

25 在"效果控件"面板中展开"运动"选项，将"缩放"选项设置为0，单击"缩放"选项左侧的"切换动画"按钮 🕚，如图9-50所示，记录第1个动画关键帧。将播放指示器移动至00:00:04:09的位置，在"效果控件"面板中，将"缩放"选项设置为100，如图9-51所示，记录第2个动画关键帧。

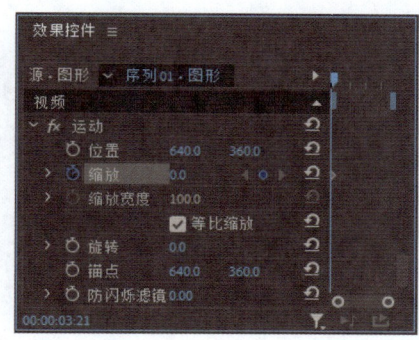
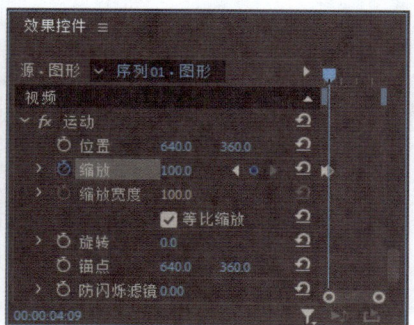

图9-50　　　　　　　　　　　　　　　图9-51

26 将播放指示器移动至00:00:07:11的位置，展开"不透明度"选项，单击"不透明度"选项左侧的"切换动画"按钮 🕚，如图9-52所示，记录第1个动画关键帧。将播放指示器移动至00:00:07:23的位置，将"不透明度"选项设置为0%，如图9-53所示，记录第2个动画关键帧。

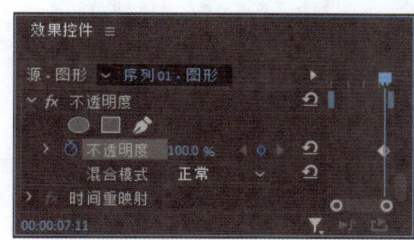
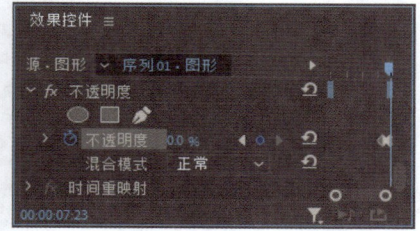

图9-52　　　　　　　　　　　　　　　图9-53

27 将播放指示器移动至00:00:08:13的位置，在"基本图形"面板的"编辑"选项卡中，单击"新建图层"按钮 🔲，在弹出的菜单中选择"文本"命令。在"时间轴"面板中的"V3"轨道中生成"新建文本图层"文件，如图9-54所示。将鼠标指针放在"新建文本图层"文件的结束位置并单击，显示编辑点，向左拖曳鼠标指针到与"03"文件的结束位置齐平，如图9-55所示。

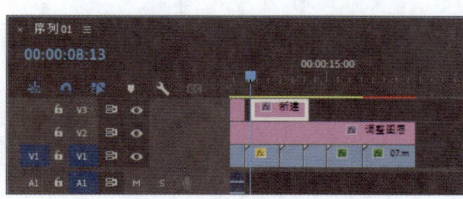
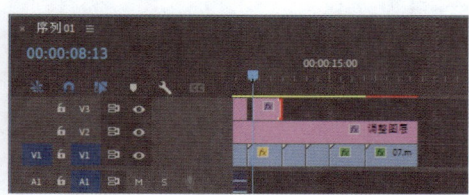

图9-54　　　　　　　　　　　　　　　图9-55

28 在"节目"监视器中修改文字。选取"节目"监视器中的文字，在"效果控件"面板中展开"文本"选项，选项设置如图9-56和图9-57所示，"节目"监视器中的效果如图9-58所示。

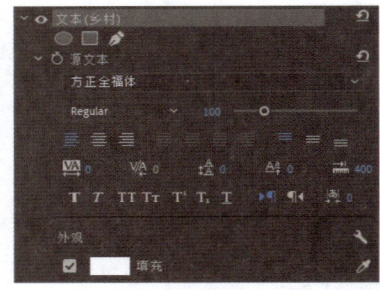
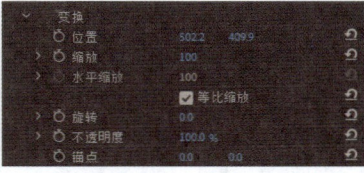

图9-56　　　　　　　　　　图9-57　　　　　　　　　　图9-58

29 在"效果"面板中选中"投影"效果，如图9-59所示。将"投影"效果拖曳到"时间轴"面板"V3"轨道中的第二个文本文件上。在"效果控件"面板中展开"运动"选项，将"位置"选项设置为-63和360，单击"位置"选项左侧的"切换动画"按钮，如图9-60所示，记录第1个动画关键帧。

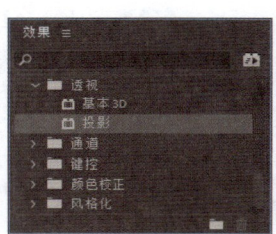
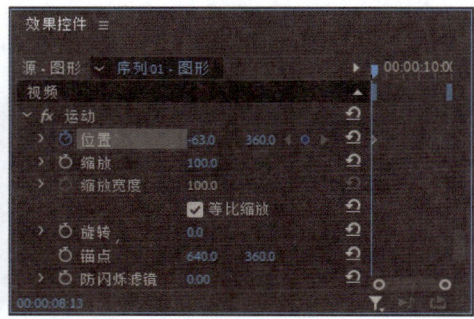

图9-59　　　　　　　　　　图9-60

30 将播放指示器移动至00:00:09:05的位置，将"位置"选项设置为287和360，如图9-61所示，记录第2个动画关键帧。将播放指示器移动至00:00:10:20的位置，将"位置"选项设置为564和360，如图9-62所示，记录第3个动画关键帧。

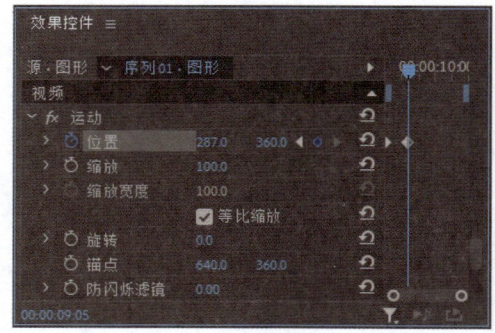
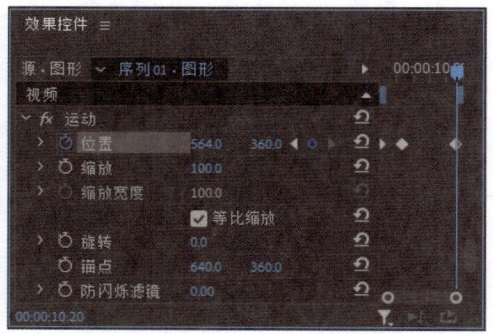

图9-61　　　　　　　　　　图9-62

31 用相同的方法创建其他文字，并制作动画效果，"时间轴"面板如图9-63所示。

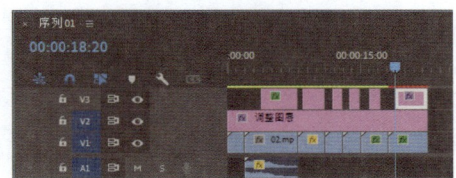

图9-63

32 在"效果"面板中展开"视频过渡"分类选项，单击"溶解"文件夹左侧的 ▶ 按钮将其展开，选中"白场过渡"效果，如图9-64所示。将"白场过渡"效果分别拖曳到"V1"轨道中的"04""05""06"和"07"文件的开始位置，如图9-65所示。

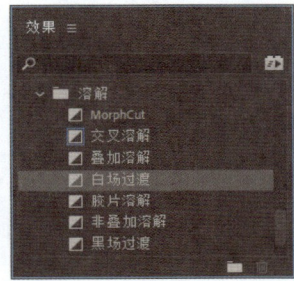

图9-64

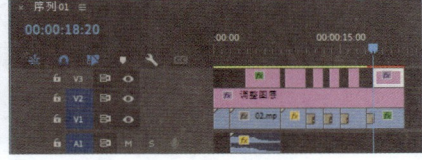

图9-65

33 选择"时间轴"面板中的"白场过渡"效果。在"效果控件"面板中，将"持续时间"选项设置为00:00:00:20，其他选项的设置如图9-66所示，"时间轴"面板如图9-67所示。

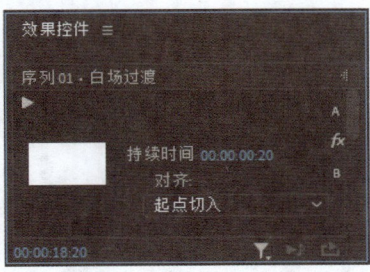

图9-66

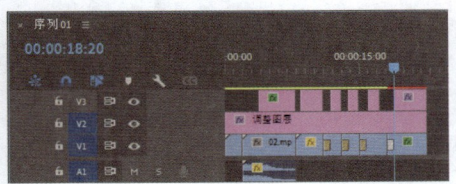

图9-67

34 在"项目"面板中，选中"08"文件并将其拖曳到"时间轴"面板中的"A2"轨道中，如图9-68所示。将鼠标指针放在"08"文件的结束位置并单击，显示编辑点。向左拖曳鼠标指针到与"07"文件的结束位置齐平，如图9-69所示。旅行节目片头视频制作完成。

图9-68

图9-69

项目实践 制作助农节目片头

项目背景

某助农电商平台是一家专注于农产品销售的移动电商平台，它主要通过搭建移动电商平台，帮助农户解决农产品滞销问题，同时为城市消费者提供安全放心的绿色农产品。本任务是为该电商平台制作助农节目片头视频，要求符合助农主题，展示农产品的独特性和优势。

项目要求

（1）以农产品为主导元素。

（2）形式要简洁明晰，能表现农产品特色。

（3）画面色彩要真实，吸引观众的注意力。

（4）画面内容要醒目直观，传达节目的核心信息。

（5）设计规格：帧大小为1280×720，时基为25.00帧/秒，像素长宽比为方形像素(1.0)。

项目展示

图片素材所在位置：本书学习资源中的"项目9\制作助农节目片头\素材"。

设计作品所在位置：本书学习资源中的"项目9\制作助农节目片头\制作助农节目片头的滚动字幕.prproj"，效果如图9-70所示。

图9-70

项目要点

使用"导入"命令导入素材文件，使用"ProcAmp"效果和"光照效果"效果调整画面颜色并添加光照，使用"效果控件"面板制作动画，使用"文字"工具和"钢笔"工具添加文字和图形，使用"基本图形"面板编辑字幕，并制作滚动字幕。

课后习题　制作壮丽黄河节目片头

习题背景

畅游天下广播电视台有一档颇具影响力的专业旅游栏目，该栏目采用游记式探秘和新闻跟踪的独特表现手法，重点关注热点景区和热门旅游线路。本任务是为该电视台制作壮丽黄河节目片头视频，要求符合旅游节目的主题，展现出瑰丽的自然奇景、深厚的历史底蕴。

习题要求

（1）以风景为主导元素。

（2）形式要简洁明晰，能表现节目特色。

（3）画面色彩要真实，在视觉上更直接地表达情感。

（4）画面内容要醒目直观，能够让人产生向往之情。

（5）设计规格：帧大小为1280×720，时基为25.00帧/秒，像素长宽比为方形像素(1.0)。

习题展示

图片素材所在位置：本书学习资源中的"项目9\制作壮丽黄河节目片头\素材"。

设计作品所在位置：本书学习资源中的"项目9\制作壮丽黄河节目片头\制作壮丽黄河节目片头.prproj"，效果如图9-71所示。

图9-71

习题要点　使用"导入"命令导入素材文件，使用"自动颜色"效果调整素材颜色，使用"投影"效果和"快速模糊"效果制作字幕效果，使用"立体声扩展器"效果和"高音"效果为音频添加效果。

任务9.2 掌握节目包装制作

　　节目包装旨在确立节目的品牌地位，在突出节目特征的同时，增强观众对节目的辨识能力，使包装形式与节目有机地融为一体。本任务以多类主题的节目包装视频为例，讲解节目包装视频的构思方法和制作技巧。通过学习，读者可以自行设计和制作出赏心悦目、精美独特的节目包装视频。

任务实践 **制作美食节目包装**

任务背景

某美食生活网是一家以丰富的美食内容与大量的饮食资讯而深受广大网民喜爱的个人网站。本任务是为该网站制作美食节目包装视频，要求能展现出美食的制作过程，给人健康、美味和幸福感。

任务要求

（1）设计内容以烹饪食材和制作过程为主。

（2）使用简洁干净的背景，体现出洁净、健康的主题。

（3）设计要求简单、有趣、易记。

（4）要求整个设计与生活密切相关，充满特色。

（5）设计规格：帧大小为1920×1080，时基为25.00帧/秒，像素长宽比为方形像素(1.0)。

任务展示

图片素材所在位置：本书学习资源中的"项目9\制作美食节目包装\素材"。

设计作品所在位置：本书学习资源中的"项目9\制作美食节目包装\制作美食节目包装.prproj"，效果如图9-72所示。

图9-72

任务要点 使用"导入"命令导入素材文件，使用入点和出点调整素材文件，使用"速度/持续时间"命令调整视频播放速度，使用"效果"面板添加过渡和效果，使用"文字"工具和"基本图形"面板添加介绍字幕和图形。

任务制作

01 启动Premiere Pro 2024，选择"文件 > 新建 > 项目"命令，进入"导入"界面，如图9-73所示，单击"创建"按钮，新建项目。

02 选择"文件 > 导入"命令，弹出"导入"对话框，选择本书学习资源中的"项目9\制作美食节目包装\素材"目录下的"01"~"13"文件，如图9-74所示，单击"打开"按钮，将素材文件导入"项目"面板中，如图9-75所示。将"项目"面板中的"02"文件拖曳到"时间轴"面板中，生成"02"序列，且将"02"文件放置到"V1"轨道中，如图9-76所示。

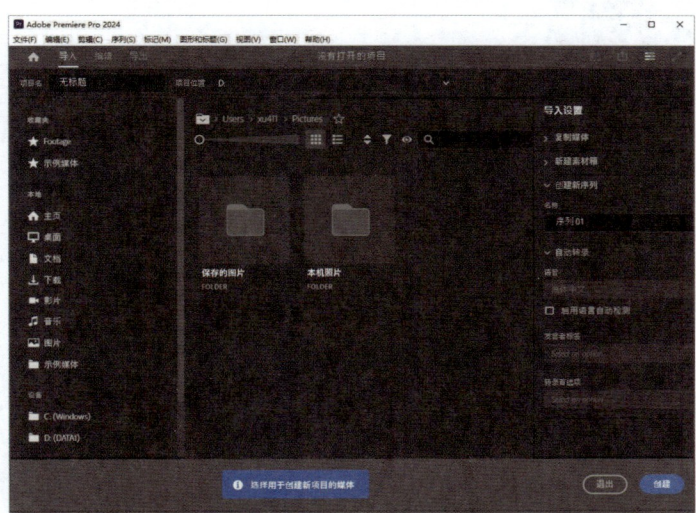

图9-73

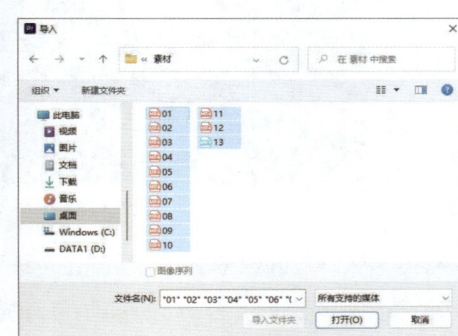

图9-74

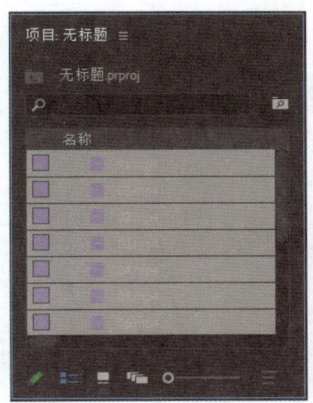

图9-75

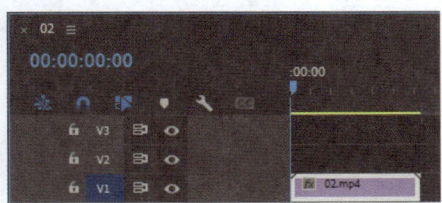

图9-76

03 在"项目"面板中的"02"序列上单击鼠标右键，在弹出的菜单中选择"序列设置"命令，在弹出的对话框中进行设置，如图9-77所示，单击"确定"按钮，"时间轴"面板如图9-78所示。

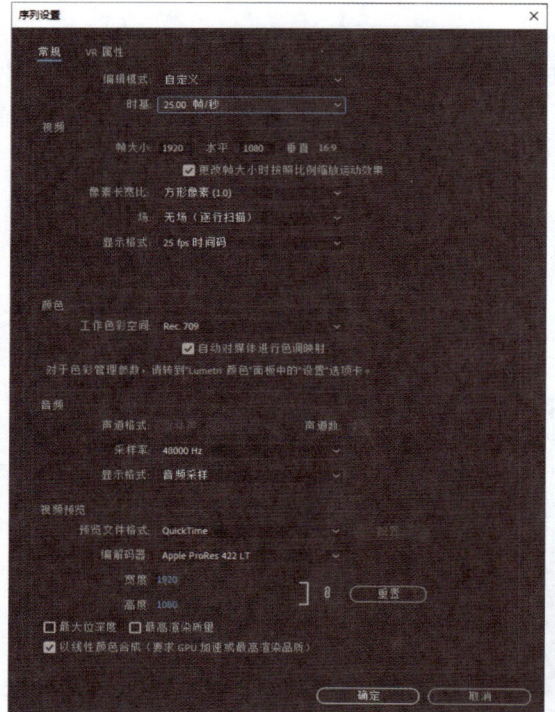

图9-77

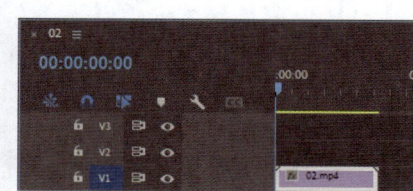

图9-78

04 将"项目"面板中的"01"文件拖曳到"时间轴"面板中的"V1"轨道中，如图9-79所示。选中"01"文件。选择"剪辑 > 速度/持续时间"命令，在弹出的对话框中进行设置，如图9-80所示，单击"确定"按钮，调整素材文件。

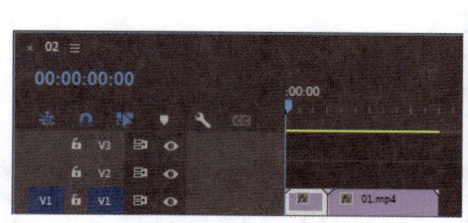

图9-79

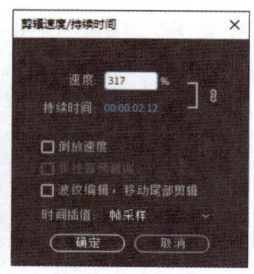

图9-80

05 将播放指示器移动至00:00:03:11的位置。将鼠标指针放在"01"文件的开始位置，当鼠标指针呈▶状时，向右拖曳鼠标指针到00:00:03:11的位置，如图9-81所示。向左拖曳"01"文件到"02"文件的结束位置，如图9-82所示。

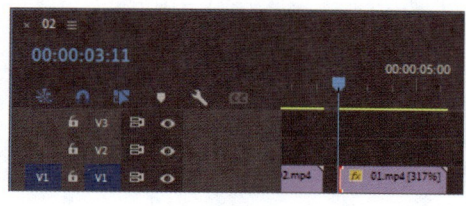

图9-81

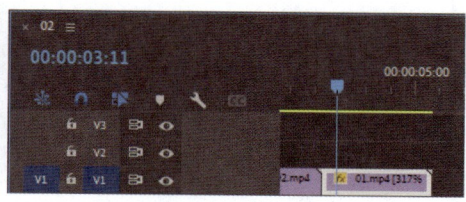

图9-82

06 将"项目"面板中的"03"文件拖曳到"时间轴"面板中的"V1"轨道中,如图9-83所示。将播放指示器移动至00:00:07:14的位置。将鼠标指针放在"03"文件的结束位置,当鼠标指针呈◀状时,向左拖曳鼠标指针到00:00:07:14的位置,如图9-84所示。

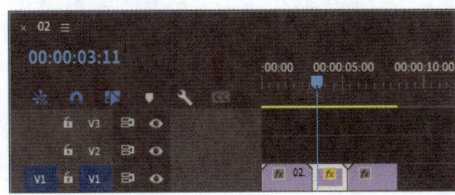 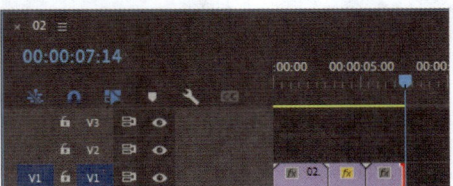

图9-83　　　　　　　　　　　　　　　　　　图9-84

07 将"项目"面板中的"04"文件拖曳到"时间轴"面板中的"V1"轨道中,如图9-85所示。选中"04"文件。选择"剪辑 > 速度/持续时间"命令,在弹出的对话框中进行设置,如图9-86所示,单击"确定"按钮,调整素材文件。

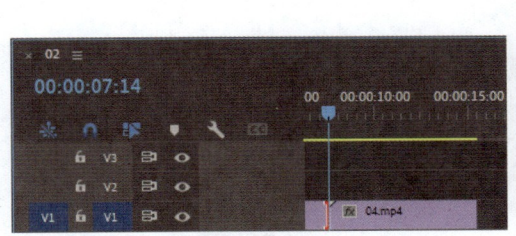 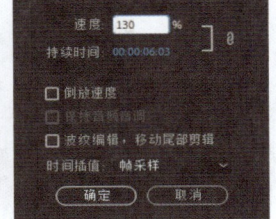

图9-85　　　　　　　　　　　　　　　　　　图9-86

08 将"项目"面板中的"05"文件拖曳到"时间轴"面板中的"V1"轨道中,如图9-87所示。选中"05"文件。选择"剪辑 > 速度/持续时间"命令,在弹出的对话框中进行设置,如图9-88所示,单击"确定"按钮,调整素材文件。

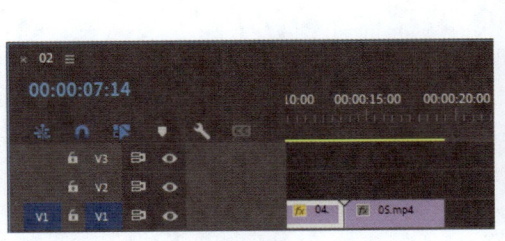 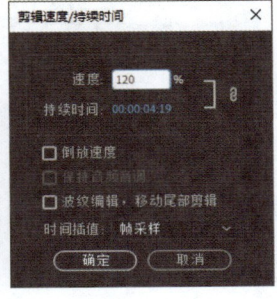

图9-87　　　　　　　　　　　　　　　　　　图9-88

09 将"项目"面板中的"06"文件拖曳到"时间轴"面板中的"V1"轨道中,如图9-89所示。将播放指示器移动至00:00:21:06的位置。将鼠标指针放在"06"文件的结束位置,当鼠标指针呈◀状时,向左拖曳鼠标指针到00:00:21:06的位置,如图9-90所示。

图9-89

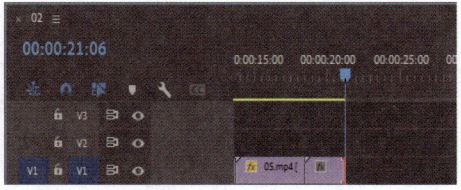
图9-90

10 将"项目"面板中的"07"文件拖曳到"时间轴"面板中的"V1"轨道中，如图9-91所示。将播放指示器移动至00:00:25:08的位置。将鼠标指针放在"07"文件的结束位置，当鼠标指针呈◀状时，向左拖曳鼠标指针到00:00:25:08的位置，如图9-92所示。

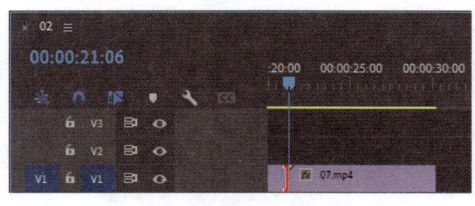
图9-91

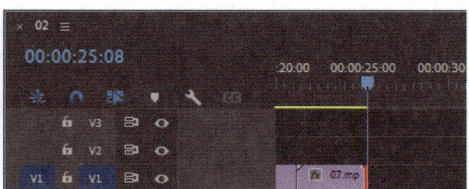
图9-92

11 将"项目"面板中的"08"文件拖曳到"时间轴"面板中的"V1"轨道中，如图9-93所示。选中"08"文件。选择"剪辑 > 速度/持续时间"命令，在弹出的对话框中进行设置，如图9-94所示，单击"确定"按钮，调整素材文件。

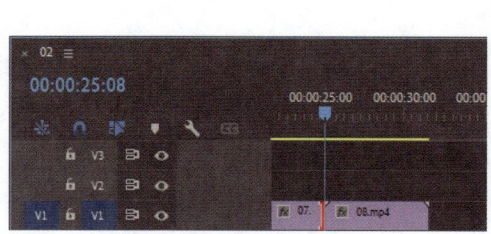
图9-93

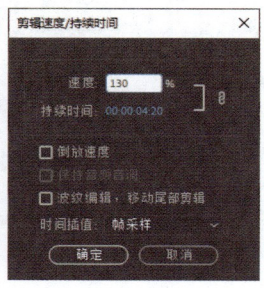
图9-94

12 将"项目"面板中的"09"文件拖曳到"时间轴"面板中的"V1"轨道中，如图9-95所示。选中"09"文件。选择"剪辑 > 速度/持续时间"命令，在弹出的对话框中进行设置，如图9-96所示，单击"确定"按钮，调整素材文件。

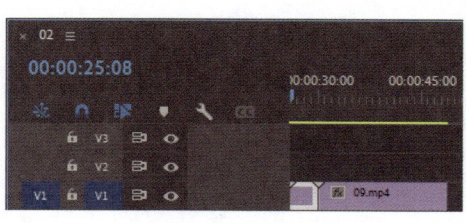
图9-95

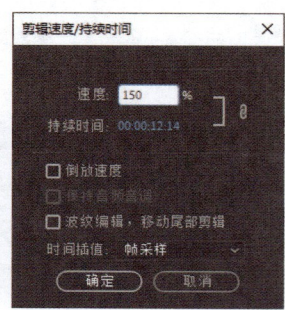
图9-96

13 将播放指示器移动至00:00:39:17的位置。将鼠标指针放在"09"文件的结束位置，当鼠标指针呈◄状时，向左拖曳鼠标指针到00:00:39:17的位置，如图9-97所示。

图9-97

14 双击"项目"面板中的"10"文件，在"源"监视器中将其打开。将播放指示器移动至00:00:04:06的位置。按I键，创建标记入点，如图9-98所示。选中"源"监视器中的"10"文件并将其拖曳到"时间轴"面板中的"V1"轨道中，如图9-99所示。

图9-98

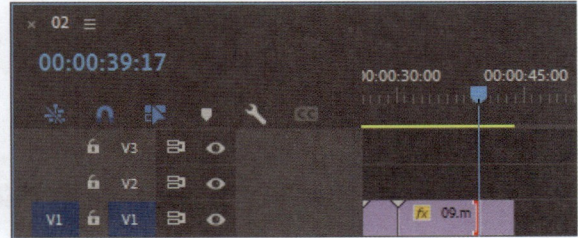

图9-99

15 将"项目"面板中的"11"文件拖曳到"时间轴"面板中的"V1"轨道中，如图9-100所示。将播放指示器移动至00:00:47:19的位置。将鼠标指针放在"11"文件的结束位置，当鼠标指针呈◄状时，向左拖曳鼠标指针到00:00:47:19的位置，如图9-101所示。

图9-100

图9-101

16 双击"项目"面板中的"12"文件，在"源"监视器中将其打开。将播放指示器移动至00:00:01:17的位置，按I键，创建标记入点。将播放指示器移动至00:00:04:29的位置，按O键，创建标记出点，如图9-102所示。选中"源"监视器中的"12"文件并将其拖曳到"时间轴"面板中的"V1"轨道中，如图9-103所示。

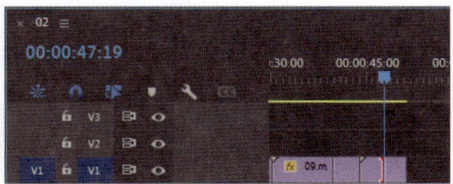

图9-102   图9-103

17 将播放指示器移动至00:00:00:00的位置。在"效果"面板中展开"视频效果"分类选项，单击"调整"文件夹左侧的▶按钮将其展开，选中"色阶"效果，如图9-104所示。将"色阶"效果拖曳到"时间轴"面板"V1"轨道中的"02"文件上。切换到"效果控件"面板，展开"色阶"效果，选项设置如图9-105所示。

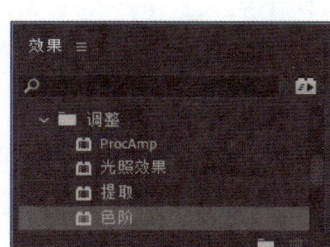

图9-104   图9-105

18 将播放指示器移动至00:00:13:17的位置。在"效果"面板中展开"视频过渡"分类选项，单击"溶解"文件夹左侧的▶按钮将其展开，选中"交叉溶解"效果，如图9-106所示。将"交叉溶解"效果拖曳到"时间轴"面板中"04"文件和"05"文件的中间位置，如图9-107所示。

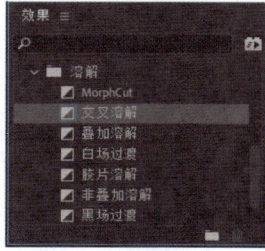

图9-106   图9-107

19 用相同的方法将"带状擦除"效果拖曳到"时间轴"面板中"05"文件和"06"文件的中间位置，将"交叉溶解"效果拖曳到"时间轴"面板中"07"文件和"08"文件的中间位置，如图9-108所示。

图9-108

20 将播放指示器移动至00:00:00:13的位置。在"基本图形"面板的"编辑"选项卡中，单击"新建图层"按钮 ，在弹出的菜单中选择"文本"命令。在"时间轴"面板中的"V2"轨道中生成"新建文本图层"文件，如图9-109所示。将播放指示器移动至00:00:02:17的位置。将鼠标指针放在"新建文本图层"文件的结束位置，当鼠标指针呈 状时，向左拖曳鼠标指针到00:00:02:17的位置，如图9-110所示。

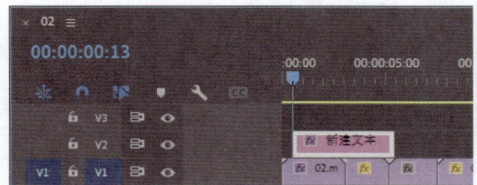

图9-109

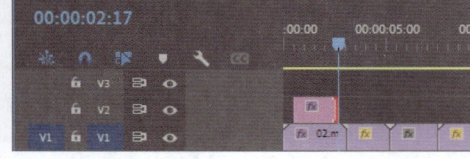

图9-110

21 将播放指示器移动至00:00:00:13的位置。在"节目"监视器中修改文字，如图9-111所示。选取"节目"监视器中的文字，在"效果控件"面板中展开"文本"栏，设置如图9-112和图9-113所示。"节目"监视器中的效果如图9-114所示。

图9-111

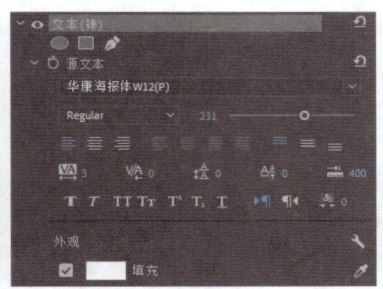

图9-112

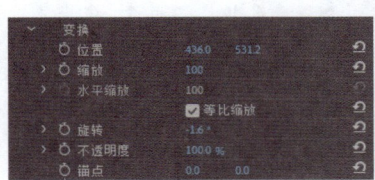

图9-113

图9-114

22 使用相同的方法制作其他文字，"效果控件"面板如图9-115所示。"节目"监视器中的效果如图9-116所示。

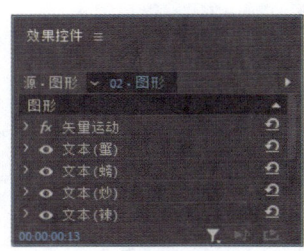
图9-115

图9-116

23 保持文字处于选取的状态下。在"基本图形"面板的"编辑"选项卡中，单击"新建图层"按钮，在弹出的菜单中选择"椭圆"命令，"节目"监视器中的效果如图9-117所示。在"效果控件"面板中选择"形状（形状01）"选项。在"外观"栏中将"填充"颜色设置为橘红色（226、88、40）。选择"工具"面板中的"选择"工具，在"节目"监视器中调整图形大小和位置，效果如图9-118所示。

图9-117

图9-118

24 在"效果控件"面板中选择"形状（形状01）"选项并调整排列顺序，如图9-119所示。"节目"监视器中的效果如图9-120所示。取消文字层的选取状态。使用相同的方法制作其他文字效果，"节目"监视器中的效果如图9-121所示。

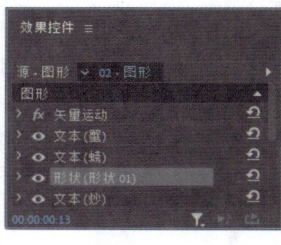
图9-119

图9-120

图9-121

25 将播放指示器移动至00:00:05:16的位置。在"基本图形"面板的"编辑"选项卡中，单击"新建图层"按钮，在弹出的菜单中选择"文本"命令。在"时间轴"面板中的"V2"轨道中生成"新建文本图层"文件，如图9-122所示。将播放指示器移动至00:00:06:20的位置。将鼠标指针放在"新建文本图层"文件的结束位置，当鼠标指针呈状时，向左拖曳鼠标指针到00:00:06:20的位置，如图9-123所示。

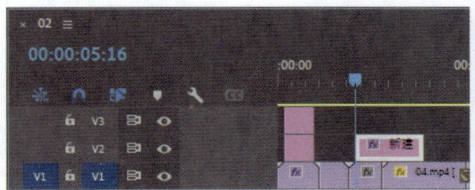

图9-122　　　　　　　　　　　　　图9-123

26 将播放指示器移动至00:00:05:16的位置。在"节目"监视器中修改文字。选取"节目"监视器中的文字，在"效果控件"面板中展开"文本"栏，选项设置如图9-124和图9-125所示。"节目"监视器中的效果如图9-126所示。

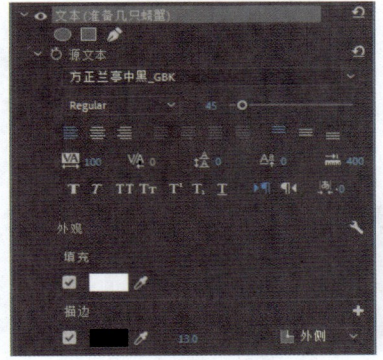
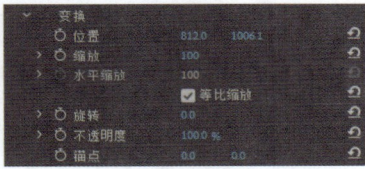

图9-124　　　　　　　　　　图9-125　　　　　　　　　　图9-126

27 使用相同的方法制作其他文字，"时间轴"面板如图9-127所示。

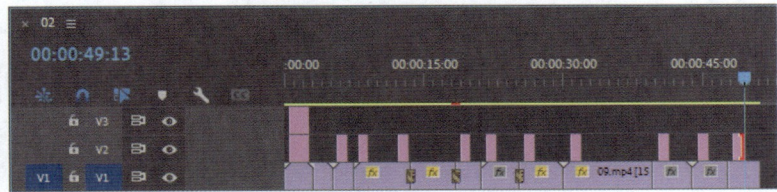

图9-127

28 在"项目"面板中，选中"13"文件并将其拖曳到"时间轴"面板中的"A1"轨道中，如图9-128所示。将鼠标指针放在"13"文件的结束位置，当鼠标指针呈◄状时，向左拖曳鼠标指针到与"12"文件的结束位置齐平，如图9-129所示。美食节目包装视频制作完成。

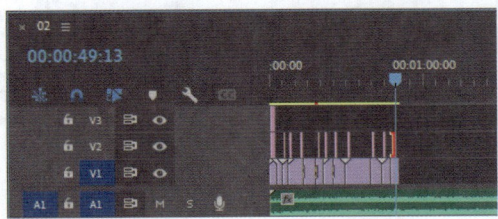

图9-128　　　　　　　　　　　　　　图9-129

项目实践　制作京城故事节目包装

项目背景

某广播电视台有一档介绍京城历史文化和风土人情的节目，该节目采用演播室访谈结合专题片的方式，为观众介绍京城及其周边地区的文化和历史。本任务是为该电视台制作京城故事节目包装视频，要求符合故事节目的主题，展现出古今交融、碰撞、创新的历史文化魅力。

项目要求

（1）设计要以古建筑宣传视频为主导。

（2）设计形式要前后呼应、过渡自然。

（3）画面色彩要丰富多样，能表现古今交融的特色。

（4）设计内容要多样化，能体现出城市独特的人文和定位。

（5）设计规格：帧大小为1920×1080，时基为25.00帧/秒，像素长宽比为方形像素(1.0)。

项目展示

图片素材所在位置：本书学习资源中的"项目9\制作京城故事节目包装\素材"。

设计作品所在位置：本书学习资源中的"项目9\制作京城故事节目包装\制作京城故事节目包装.prproj"，效果如图9-130所示。

图9-130

项目要点

使用"导入"命令导入素材文件，使用入点和出点调整素材文件，使用"速度/持续时间"命令调整影片播放速度，使用"效果"面板添加效果，使用"效果控件"面板调整效果并制作素材位置和缩放的动画效果，使用"基本图形"面板添加介绍字幕和图形。

课后习题　制作博物天下节目包装

习题背景

某展览网是一家展示和传播博物馆的藏品、展览、历史等信息，提供教育和文化交流的网站。本任务是为该网站制作博物天下节目包装视频，要求能展现出展品的特色和亮点，让观众获得足够的信息量和感官刺激。

习题要求

（1）设计要以展品宣传视频为主导。

（2）设计要表现展品特色，风格应简洁大气。

（3）设计要符合博物馆的定位和形象。

（4）设计要注重构图，让画面更具有立体感、层次感和故事感。

（5）设计规格：帧大小为1920×1080，时基为25.00帧/秒，像素长宽比为方形像素(1.0)。

习题展示

图片素材所在位置：本书学习资源中的"项目9\制作博物天下节目包装\素材"。

设计作品所在位置：本书学习资源中的"项目9\制作博物天下节目包装\制作博物天下节目包装.prproj"，效果如图9-131所示。

图9-131

习题要点　使用"导入"命令导入素材文件，使用入点和出点调整素材文件，使用"速度/持续时间"命令调整影片播放速度，使用"Lumetri颜色"效果调整影片颜色，使用"效果控件"面板调整效果并制作素材的动画效果，使用"基本图形"面板添加字幕。

任务9.3 掌握广告制作

　　广告是一种通过电视或网络等媒介传播，旨在宣传商品、服务、组织或概念等的信息传播活动。它具有覆盖面广、普及率高、综合表现能力强等特点。本任务以多类主题的广告为例，讲解广告的构思方法和制作技巧。通过学习，读者可以掌握广告的制作要点，从而设计和制作出形象生动、冲击力强的广告。

任务实践 制作智能家电电商广告

任务背景

某电器公司以简洁卓越的品牌形象、不断创新的公司理念和竭诚高效的服务质量闻名。现该公司准备推出新款智能家电，要求制作宣传广告，用于平台宣传及推广，设计以系列家电为主要内容，能表现出丰富的产品类型及高品质的品牌特色。

任务要求

（1）广告内容是以实物为主，鲜艳的背景色起到衬托的作用。

（2）色调要鲜艳明亮，营造热闹喜庆的视觉氛围。

（3）整体设计要富有寓意且紧扣主题。

（4）设计风格要具有特色，能够引起人们的关注及订购的兴趣。

（5）设计规格：帧大小为1280×720，时基为25.00帧/秒，像素长宽比为方形像素(1.0)。

任务展示

图片素材所在位置：本书学习资源中的"项目9\制作智能家电电商广告\素材"。

设计作品所在位置：本书学习资源中的"项目9\制作智能家电电商广告\制作智能家电电商广告.prproj"，效果如图9-132所示。

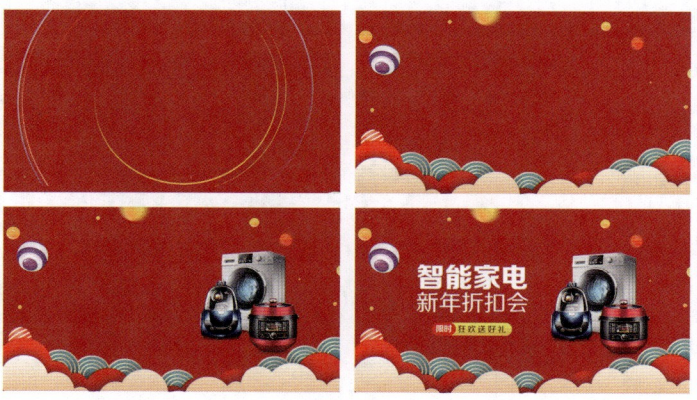

图9-132

任务要点

使用"导入"命令导入素材文件，使用"旋转扭曲"效果制作背景的扭曲效果，使用"基本图形"面板添加文本，使用"效果控件"面板制作缩放与不透明度效果，使用"划出"效果制作文字划出效果。

任务制作

01 启动Premiere Pro 2024，选择"文件 > 新建 > 项目"命令，进入"导入"界面，如图9-133所示，单击"创建"按钮，新建项目。选择"文件 > 新建 > 序列"命令，弹出"新建序列"对话框，切换到"设置"选项卡，选项设置如图9-134所示，单击"确定"按钮，新建序列。

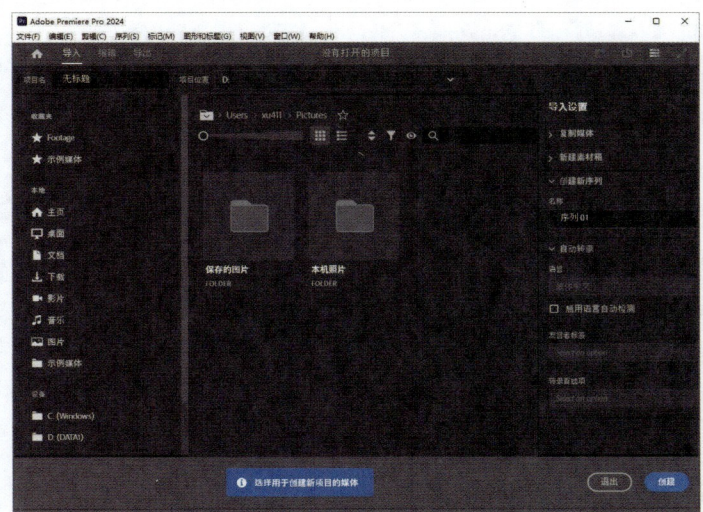
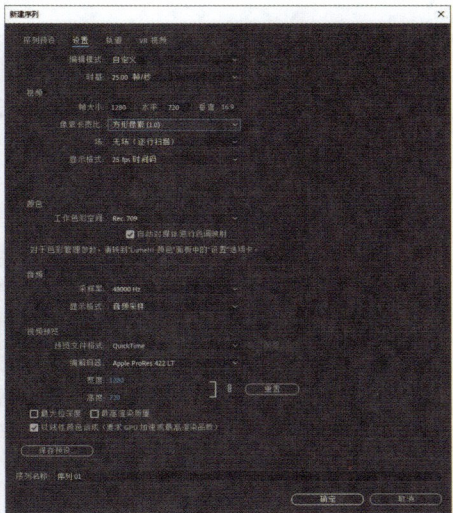

图9-133　　　　　　　　　　　　　　　　　　　　　　　图9-134

02 选择"文件 > 导入"命令，弹出"导入"对话框，选择本书学习资源中的"项目9\制作智能家电电商广告\素材"目录下的"01"~"05"文件，如图9-135所示，单击"打开"按钮，将素材文件导入"项目"面板中，如图9-136所示。

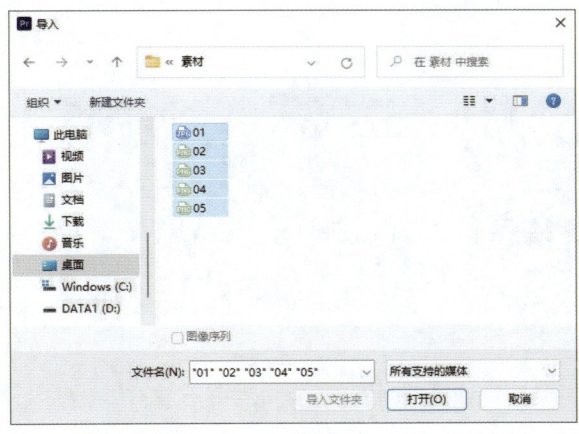

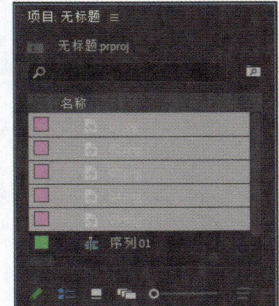

图9-135　　　　　　　　　　　　　图9-136

03 在"项目"面板中，选中"01"文件并将其拖曳到"时间轴"面板中的"V1"轨道中，如图9-137所示。在"项目"面板中，选中"04"文件并将其拖曳到"时间轴"面板中的"V2"轨道中，如图9-138所示。

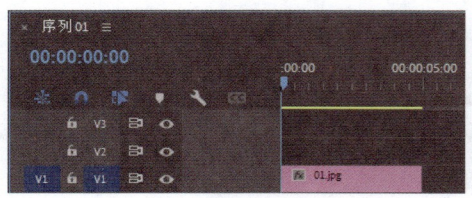

图9-137

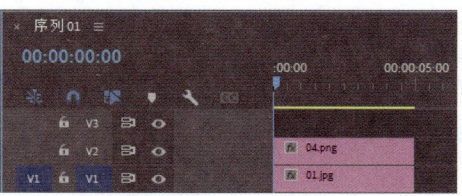

图9-138

04 选择"时间轴"面板中的"04"文件。在"效果控件"面板中展开"运动"选项，将"位置"选项设置为656和336，如图9-139所示。在"效果"面板中展开"视频效果"分类选项，单击"扭曲"文件夹左侧的▶按钮将其展开，选中"旋转扭曲"效果，如图9-140所示。将"旋转扭曲"效果拖曳到"时间轴"面板"V2"轨道中的"04"文件上。

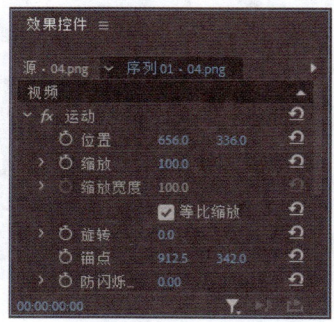

图9-139

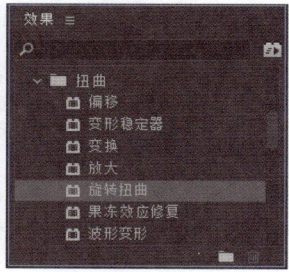

图9-140

05 切换到"效果控件"面板，展开"旋转扭曲"选项，将"角度"选项设置为4×0°，"旋转扭曲半径"选项设置为50，单击"角度"和"旋转扭曲半径"选项左侧的"切换动画"按钮◎，如图9-141所示，记录第1个动画关键帧。将播放指示器移动至00:00:01:00的位置，将"角度"选项设置为0°，"旋转扭曲半径"选项设置为75，如图9-142所示，记录第2个动画关键帧。

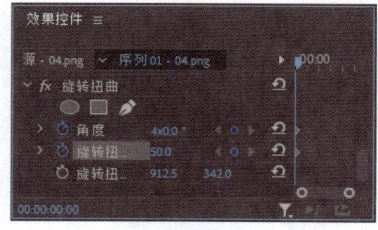

图9-141

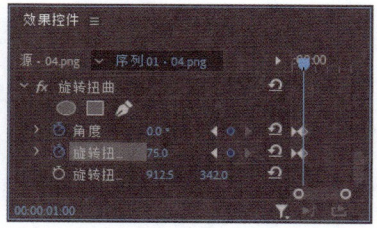

图9-142

06 在"项目"面板中，选中"02"文件并将其拖曳到"时间轴"面板中的"V3"轨道中。将播放指示器移动至00:00:00:00的位置，选择"时间轴"面板中的"02"文件。在"效果控件"面板中展开"运动"选项，将"位置"选项设置为661和891，单击"位置"选项左侧的"切换动画"按钮◎，如图9-143所示，记录第1个动画关键帧。将播放指示器移动至00:00:00:05的位置，将"位置"选项设置为661和681，如图9-144所示，记录第2个动画关键帧。

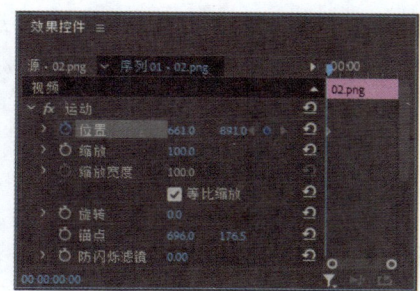

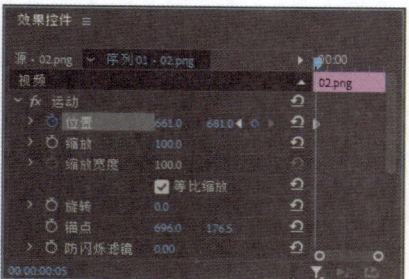

图9-143　　　　　　　　　　　　　　图9-144

07 将播放指示器移动至00:00:01:02的位置。在"项目"面板中，选中"03"文件并将其拖曳到"时间轴"面板上方的空白区域，将"03"文件放置在生成的"V4"轨道中。将鼠标指针放在"03"文件的结束位置，当鼠标指针呈◄状时，向左拖曳鼠标指针到与"02"文件的结束位置齐平，如图9-145所示。选择"时间轴"面板中的"03"文件，在"效果控件"面板中展开"运动"选项，将"位置"选项设置为926和389，如图9-146所示。

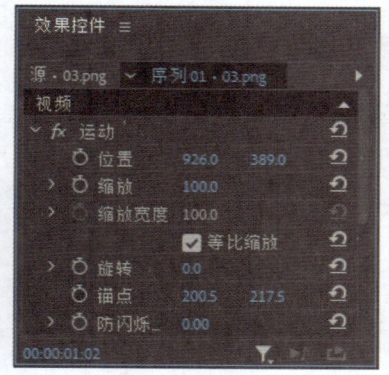

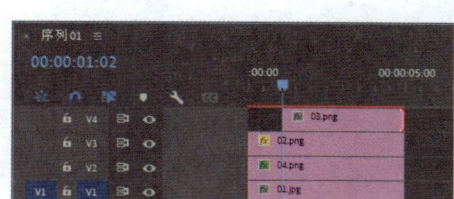

图9-145　　　　　　　　　　　　　　图9-146

08 将播放指示器移动至00:00:01:12的位置。在"效果控件"面板中展开"不透明度"选项，单击"不透明度"选项左侧的"切换动画"按钮🕙，如图9-147所示，记录第1个动画关键帧。将播放指示器移动至00:00:01:15的位置，将"不透明度"选项设置为0%，如图9-148所示，记录第2个动画关键帧。将播放指示器移动至00:00:01:18的位置，将"不透明度"选项设置为100%，如图9-149所示，记录第3个动画关键帧。

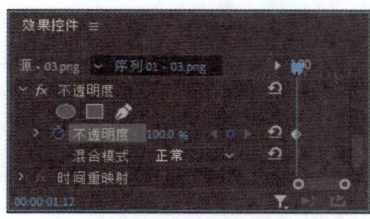

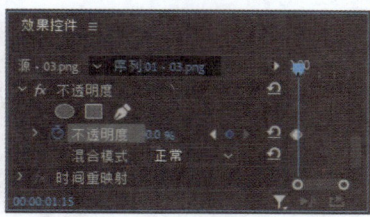

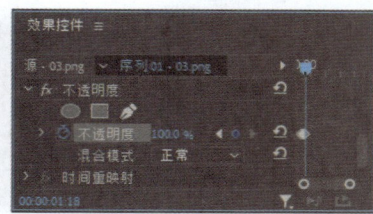

图9-147　　　　　　　图9-148　　　　　　　图9-149

09 将播放指示器移动至00:00:01:21的位置，将"不透明度"选项设置为0%，如图9-150所示，记录第4个动画关键帧。将播放指示器移动至00:00:01:24的位置，将"不透明度"选项设置为100%，如图9-151所示，记录第5个动画关键帧。取消"03"文件的选取状态。

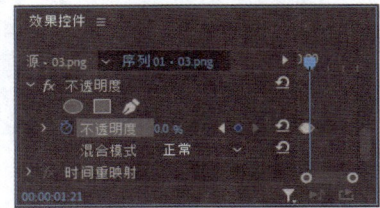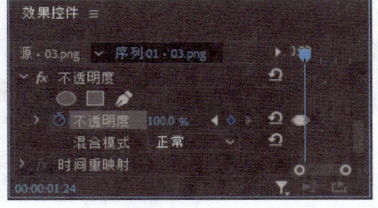

图9-150   图9-151

10 将播放指示器移动至00:00:01:02的位置。在"基本图形"面板的"编辑"选项卡中，单击"新建图层"按钮▣，在弹出的菜单中选择"文本"命令。在"时间轴"面板中生成"V5"轨道和"新建文本图层"文件，如图9-152所示。将鼠标指针放在"新建文本图层"文件的结束位置，当鼠标指针呈◄状时单击，向左拖曳鼠标指针到与"03"文件的结束位置齐平，如图9-153所示。

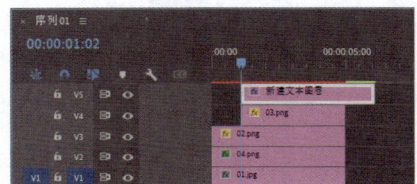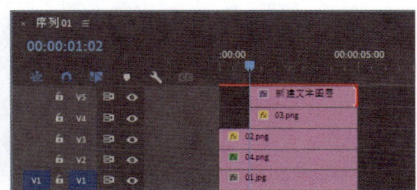

图9-152   图9-153

11 在"节目"监视器中修改文字，如图9-154所示。在"基本图形"面板中选择文字图层，"对齐并变换"栏中选项设置如图9-155所示，"文本"栏中选项设置如图9-156所示，"节目"监视器中的效果如图9-157所示。

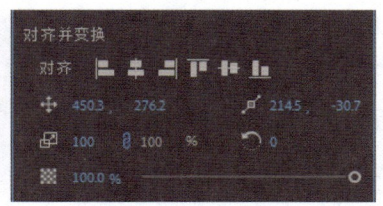

图9-154   图9-155

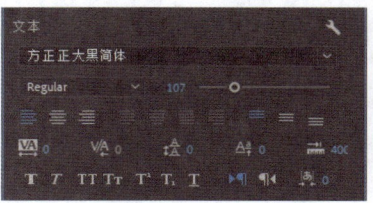

图9-156   图9-157

12 选择"时间轴"面板中的图形文字。在"效果控件"面板中展开"文本"选项中的"变换"选项，将"缩放"选项设置为0，单击"缩放"选项左侧的"切换动画"按钮■，如图9-158所示，记录第1个动画关键帧。将播放指示器移动至00:00:01:12的位置，将"缩放"选项设置为100，如图9-159所示，记录第2个动画关键帧。取消图形文字的选取状态。

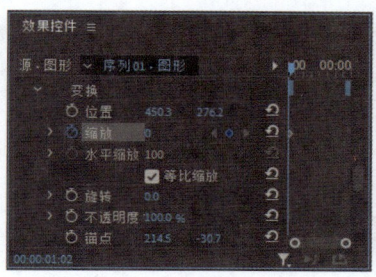 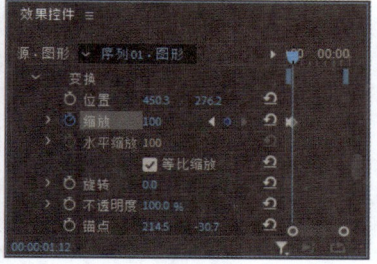

图9-158　　　　　　　　　图9-159

13 将播放指示器移动至00:00:01:02的位置上，在"基本图形"面板中单击"新建图层"按钮■，在弹出的菜单中选择"文本"命令。在"时间轴"面板中生成"V6"轨道和"新建文本图层"文件，如图9-160所示。将鼠标指针放在"新建文本图层"文件的结束位置，当鼠标指针呈■状时单击，向左拖曳鼠标指针到与"03"文件的结束位置齐平，如图9-161所示。

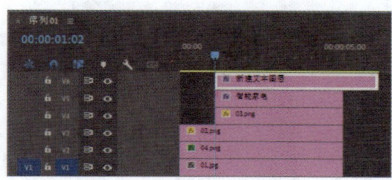 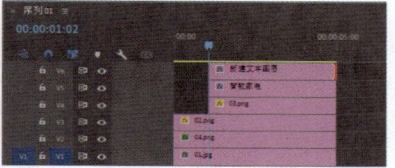

图9-160　　　　　　　　　图9-161

14 在"节目"监视器中修改文字，如图9-162所示。在"基本图形"面板中选择文字图层，"对齐并变换"栏中选项设置如图9-163所示，"文本"栏中选项设置如图9-164所示，"节目"监视器中的效果如图9-165所示。

 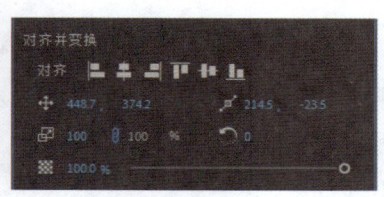

图9-162　　　　　　　　　图9-163

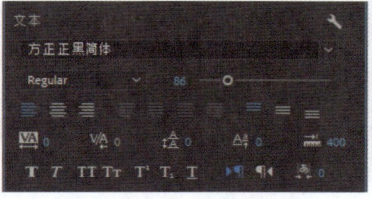 

图9-164　　　　　　　　　图9-165

15 选择"时间轴"面板中的"V6"轨道的图形文字。在"效果控件"面板中展开"文本"选项中的"变换"选项，将"缩放"选项设置为0，单击"缩放"选项左侧的"切换动画"按钮 ，如图9-166所示，记录第1个动画关键帧。将播放指示器移动至00:00:01:12的位置，将"缩放"选项设置为100，如图9-167所示，记录第2个动画关键帧。

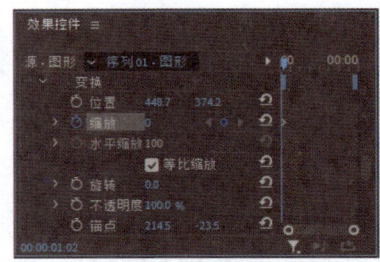
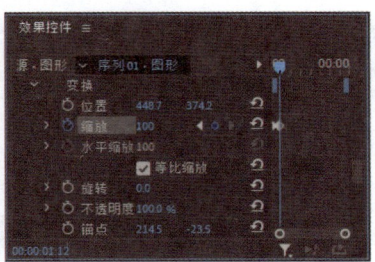

图9-166　　　　　　　　　　　　图9-167

16 在"项目"面板中，选中"05"文件并将其拖曳到"时间轴"面板上方的空白区域，将"05"文件放置在生成的"V7"轨道中。将鼠标指针放在"05"文件的结束位置，当鼠标指针呈 状时单击，向左拖曳鼠标指针到与"03"文件的结束位置齐平，如图9-168所示。选择"时间轴"面板中的"05"文件，在"效果控件"面板中展开"运动"选项，将"位置"选项设置为447和471，如图9-169所示。

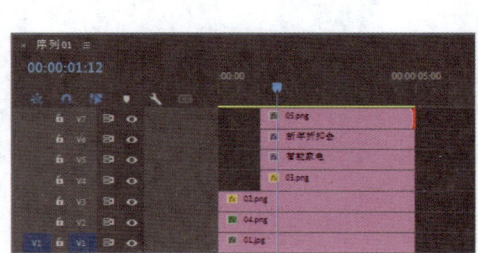
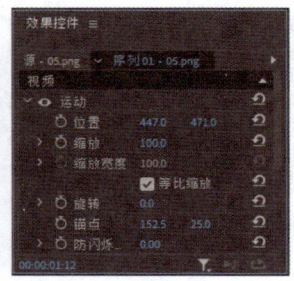

图9-168　　　　　　　　　　　　图9-169

17 在"效果"面板中展开"视频过渡"分类选项，单击"擦除"文件夹左侧的 按钮将其展开，选中"划出"效果，如图9-170所示。将"划出"效果拖曳到"时间轴"面板中"05"文件的开始位置，如图9-171所示。选择"时间轴"面板中的"划出"效果，在"效果控件"面板中将"持续时间"选项设置为00:00:00:10，如图9-172所示。智能家电电商广告制作完成。

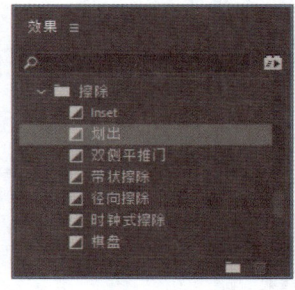
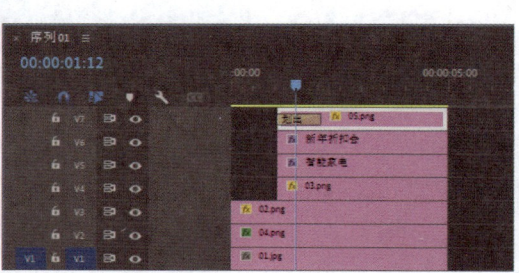
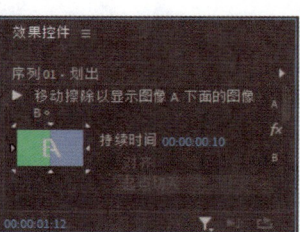

图9-170　　　　　　　　图9-171　　　　　　　　图9-172

项目实践　制作运动产品广告

项目背景

某电视台是一家全方位介绍人们的衣、食、住、行等资讯的时尚生活类电视台。该电视台现新添了运动健身栏目，本任务要求制作与该栏目相符的运动产品广告，要求能体现出运动带给人愉悦及让人们的业余生活更多彩。

项目要求

（1）广告设计要求以运动产品为主体。

（2）设计风格应简洁大气，能够让人一目了然。

（3）图文搭配要合理，让画面显得既合理又美观。

（4）颜色对比强烈，能直观地展示广告的性质。

（5）设计规格：帧大小为1280×720，时基为25.00帧/秒，像素长宽比为方形像素(1.0)。

项目展示

图片素材所在位置：本书学习资源中的"项目9\制作运动产品广告\素材"。

设计作品所在位置：本书学习资源中的"项目9\制作运动产品广告\制作运动产品广告.prproj"，效果如图9-173所示。

图9-173

项目要点　使用"导入"命令导入素材文件，使用"效果控件"面板编辑文件并制作动画，使用"基本图形"面板添加并编辑图形和字幕。

课后习题 制作环保宣传广告

习题背景

某电视台是一家以旅游资讯为主线，时尚、娱乐类内容为辅的旅游类电视台。该电视台为了宣传环保活动，现需要制作环保宣传广告，要求制作的广告必须符合环保主题，倡导人们践行低碳、节能的绿色生活。

习题要求

（1）画面要求直观醒目、引人深省。

（2）设计形式要独特且充满创意。

（3）表现形式要层次分明，活泼不呆板。

（4）内容具有号召性，能够引发人们保护环境的行动。

（5）设计规格：帧大小为1280×720，时基为25.00帧/秒，像素长宽比为方形像素(1.0)。

习题展示

图片素材所在位置：本书学习资源中的"项目9\制作环保宣传广告\素材"。

设计作品所在位置：本书学习资源中的"项目9\制作环保宣传广告\制作环保宣传广告.prproj"，效果如图9-174所示。

图9-174

习题要点

使用"导入"命令导入素材文件，使用剪辑点调整素材，使用"更改颜色"效果更改素材的画面颜色，使用"效果控件"面板制作动画。

任务9.4　掌握宣传片制作

　　宣传片是一种用于推广活动、产品或服务的短片或视频。它通常在电视、网络或其他平台上播放，旨在彰显实力并吸引不同观众。本任务以不同类型的宣传片为例，讲解宣传片的构思方法和制作技巧。通过学习，读者可以掌握宣传片的制作要点，从而设计和制作出画面精美、富有创意的宣传片。

任务实践　制作城市形象宣传片

任务背景

某广播电视集团是一家提供最新的新闻资讯、影视娱乐、时尚信息、生活服务等信息的综合性广播电视集团。本任务是为该集团制作城市形象宣传片，要求符合宣传主题，体现出城市独特的人文和定位。

任务要求

（1）设计要以城市宣传视频为主导。

（2）设计形式要前后呼应、过渡自然。

（3）画面色彩要丰富多样，能表现城市特色。

（4）设计内容要多样化，能体现出城市独特的人文和定位。

（5）设计规格：帧大小为1280×720，时基为25.00帧/秒，像素长宽比为方形像素(1.0)。

任务展示

图片素材所在位置：本书学习资源中的"项目9\制作城市形象宣传片\素材"。

设计作品所在位置：本书学习资源中的"项目9\制作城市形象宣传片\制作城市形象宣传片.prproj"，效果如图9-175所示。

图9-175

任务要点

使用"导入"命令导入素材文件，使用入点和出点调整素材文件，使用"效果控件"面板编辑素材文件的大小，使用"速度/持续时间"命令调整视频播放速度，使用"效果"面板添加过渡和效果，使用"文字"工具和"基本图形"面板添加介绍字幕和图形。

任务制作

01 启动Premiere Pro 2024，选择"文件 > 新建 > 项目"命令，进入"导入"界面，如图9-176所示，单击"创建"按钮，新建项目。选择"文件 > 新建 > 序列"命令，弹出"新建序列"对话框，切换到"设置"选项卡，选项设置如图9-177所示，单击"确定"按钮，新建序列。

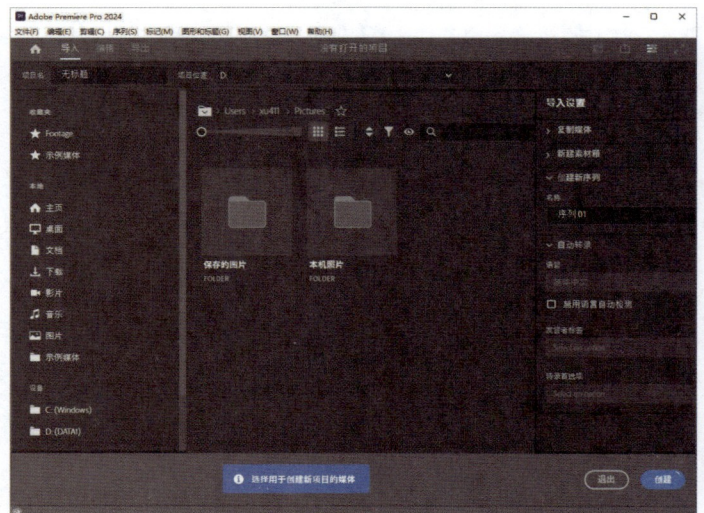

图9-176

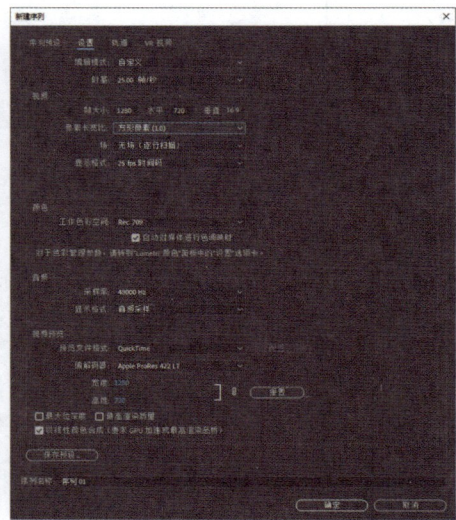

图9-177

02 选择"文件>导入"命令，弹出"导入"对话框，选择本书学习资源中的"项目9\制作城市形象宣传片\素材"目录下的"01"~"11"文件，如图9-178所示。单击"打开"按钮，将素材导入"项目"面板，如图9-179所示。

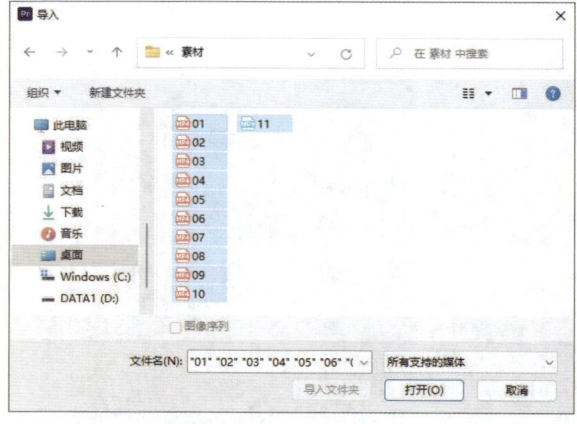

图9-178

图9-179

03 在"项目"面板中，选中"01"文件并将其拖曳到"时间轴"面板的"V1"轨道中，弹出"剪辑不匹配警告"对话框，单击"保持现有设置"按钮，在保持现有序列设置的情况下将"01"文件放置在"V1"轨道中，如图9-180所示。

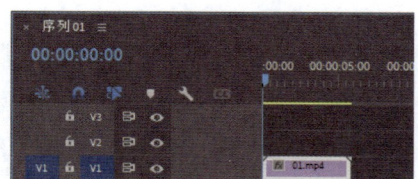

图9-180

04 在"时间轴"面板中，选中"01"文件并单击鼠标右键，在弹出的快捷菜单中选择"速度/持续时间"命令，在弹出的"剪辑速度/持续时间"对话框中进行设置，如图9-181所示，单击"确定"按钮。

05 将播放指示器移动至00:00:02:15的位置。将鼠标指针放在"01"文件的结束位置并单击，显示编辑点。当鼠标指针呈 ◀ 状时，向左拖曳鼠标指针到00:00:02:15的位置，如图9-182所示。

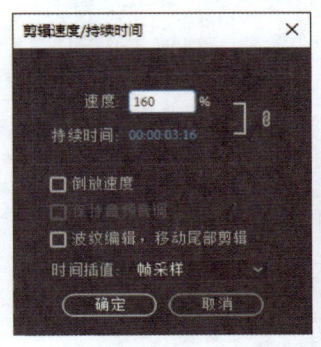
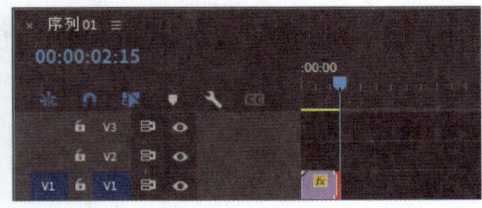

图9-181　　　　　　　　　　图9-182

06 选择"时间轴"面板中的"01"文件。在"效果控件"面板中展开"运动"选项，将"缩放"选项设置为67，如图9-183所示。在"项目"面板中，选中"02"文件并将其拖曳到"时间轴"面板的"V1"轨道中，如图9-184所示。

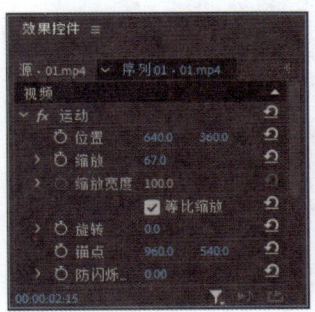

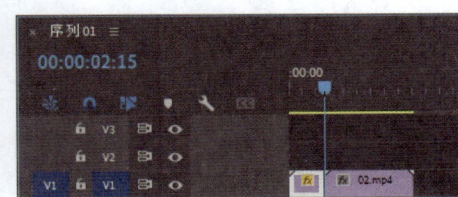

图9-183　　　　　　　　　　图9-184

07 在"时间轴"面板中，选中"02"文件并单击鼠标右键，在弹出的快捷菜单中选择"速度/持续时间"命令，在弹出的"剪辑速度/持续时间"对话框中进行设置，如图9-185所示，单击"确定"按钮。

08 将播放指示器移动至00:00:07:05的位置。将鼠标指针放在"02"文件的结束位置并单击，显示编辑点。当鼠标指针呈 ◀ 状时，向左拖曳鼠标指针到00:00:07:05的位置，如图9-186所示。

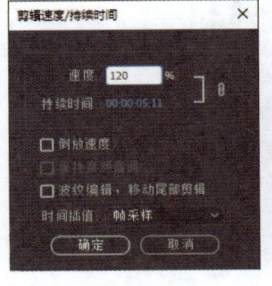
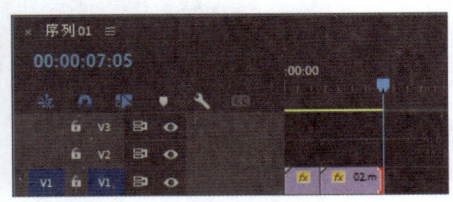

图9-185　　　　　　　　　　图9-186

09 用相同的方法添加并调整其他素材，如图9-187所示。

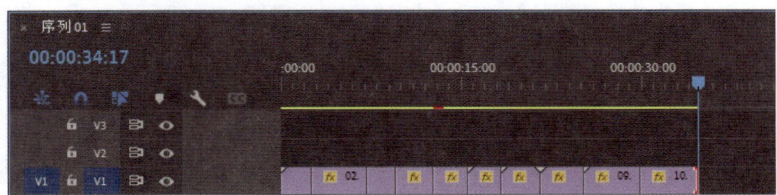

图9-187

10 将播放指示器移动至00:00:00:00的位置。在"效果"面板中展开"视频效果"分类选项，单击"颜色校正"文件夹左侧的▶按钮将其展开，选中"Lumetri颜色"效果，如图9-188所示。将"Lumetri颜色"效果拖曳到"时间轴"面板"V1"轨道中的"01"文件上。在"效果控件"面板中展开"Lumetri颜色"选项，选项设置如图9-189所示。

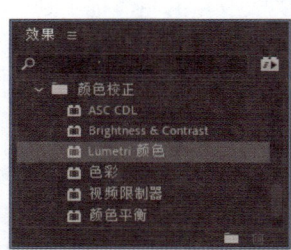

图9-188

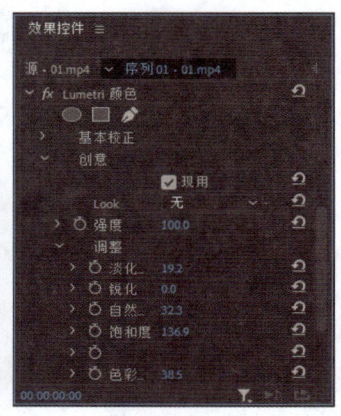

图9-189

11 切换到"效果"面板，将"Lumetri颜色"效果拖曳到"时间轴"面板"V1"轨道中的"02"文件上。在"效果控件"面板中展开"Lumetri颜色"选项，选项设置如图9-190所示。用相同的方法为其他素材添加"Lumetri颜色"效果并进行效果设置。

图9-190

12 在"效果"面板中展开"视频过渡"分类选项，单击"溶解"文件夹左侧的 **>** 按钮将其展开，选中"交叉溶解"效果，如图9-191所示。将"交叉溶解"效果拖曳到"时间轴"面板中"01"文件和"02"文件的中间位置，如图9-192所示。

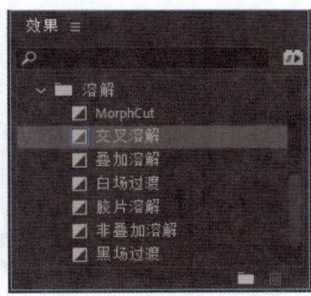
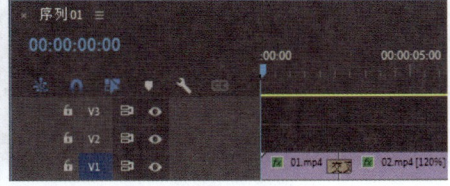

图9-191　　　　　　　　　　　　　　图9-192

13 选中"时间轴"面板中的"交叉溶解"效果。在"效果控件"面板中，将"持续时间"选项设置为00:00:00:20，其他选项设置如图9-193所示，"时间轴"面板如图9-194所示。

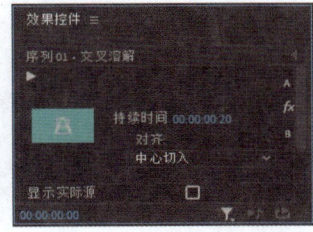

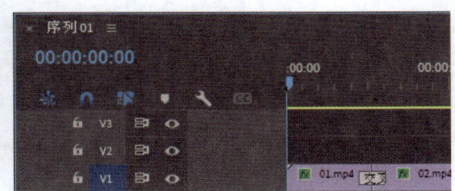

图9-193　　　　　　　　　　　　　　图9-194

14 使用相同的方法添加其他视频过渡效果，如图9-195所示。

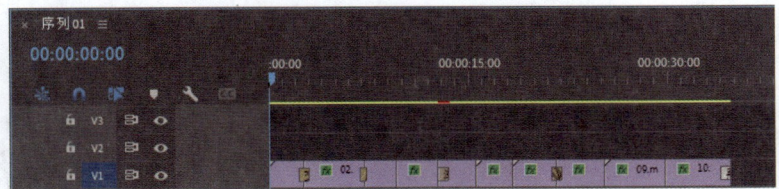

图9-195

15 将播放指示器移动至00:00:03:04的位置。在"基本图形"面板的"编辑"选项卡中，单击"新建图层"按钮 ，在弹出的菜单中选择"文本"命令。在"时间轴"面板中的"V2"轨道中生成"新建文本图层"文件，如图9-196所示。在"节目"监视器中生成文字，如图9-197所示。

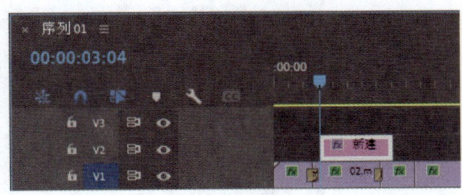

图9-196　　　　　　　　　　　　　图9-197

16 将播放指示器移动至00:00:06:19的位置。将鼠标指针放在文本文件的结束位置并单击，显示编辑点。向左拖曳编辑点到00:00:06:19的位置，如图9-198所示。将播放指示器移动至00:00:03:04的位置，在"节目"监视器中选取并修改文字，效果如图9-199所示。

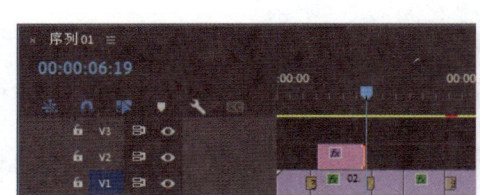

图9-198 图9-199

17 将播放指示器移动至00:00:03:04的位置，选取"节目"监视器中的文字。在"效果控件"面板中展开"文本"选项，选项设置如图9-200和图9-201所示，"节目"监视器中的效果如图9-202所示。

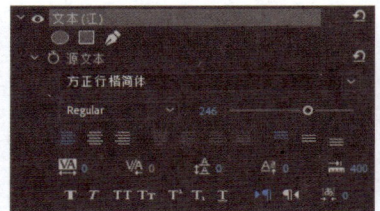
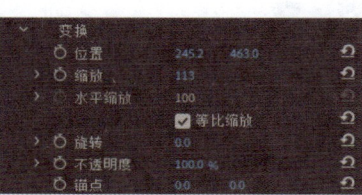

图9-200 图9-201 图9-202

18 使用相同的方法制作其他文字，"基本图形"面板如图9-203所示，"节目"监视器中的文字效果如图9-204所示。

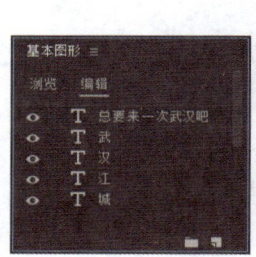

图9-203 图9-204

19 在"基本图形"面板的"编辑"选项卡中，单击"新建图层"按钮，在弹出的菜单中选择"矩形"命令，"节目"监视器中的效果如图9-205所示。在"效果控件"面板中展开"形状（形状01）"选项，在"外观"栏中将"填充"颜色设置为红色（144、0、0），如图9-206所示。选择"选择"工具，在"节目"监视器中调整矩形的大小，并将其拖曳到适当的位置，效果如图9-207所示。

图9-205

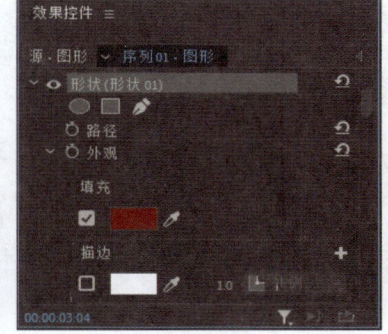

图9-206

图9-207

20 在"效果"面板中单击"变换"文件夹左侧的 ▶ 按钮将其展开，选中"裁剪"效果，如图9-208所示。将"裁剪"效果拖曳到"时间轴"面板"V2"轨道中的文本文件上。将播放指示器移动至00:00:03:02的位置。在"效果控件"面板中展开"裁剪"选项，将"右侧"选项设置为100%，单击"右侧"选项左侧的"切换动画"按钮 ⭕，如图9-209所示，记录第1个动画关键帧。将播放指示器移动至00:00:04:01的位置，在"效果控件"面板中，将"右侧"选项设置为0%，如图9-210所示，记录第2个动画关键帧。

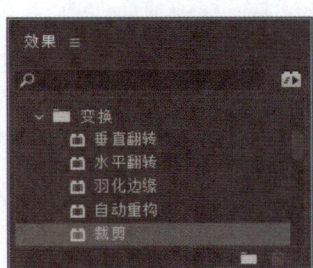

图9-208

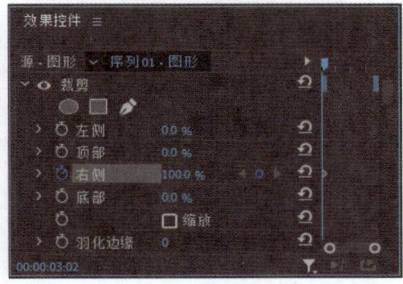

图9-209

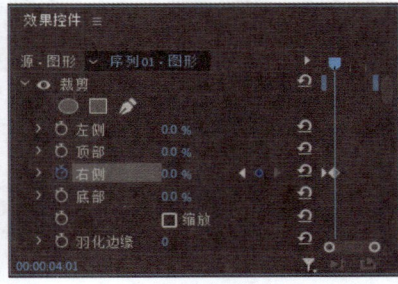

图9-210

21 用相同的方法制作其他图形和文字动画，如图9-211所示。

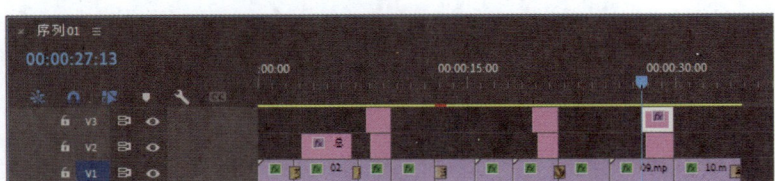

图9-211

22 在"项目"面板中选中"11"文件并将其拖曳到"时间轴"面板的"A1"轨道上。将播放指示器移动至00:00:00:23的位置。将鼠标指针放在"11"文件的开始位置，当鼠标指针呈 ▶ 状时单击，向右拖曳鼠标指针到00:00:00:23的位置，如图9-212所示。选中"11"文件，将其拖曳到"A1"轨道的起始位置，如图9-213所示。

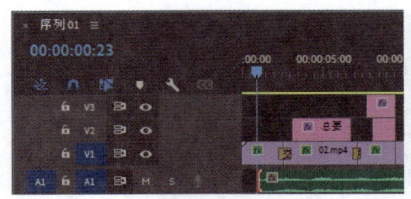
图9-212

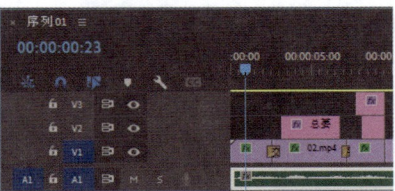
图9-213

23 将鼠标指针放在"11"文件的结束位置，当鼠标指针呈◄状时，向左拖曳鼠标指针到与"10"文件的结束位置齐平，如图9-214所示。将播放指示器移动至00:00:33:10的位置，选中"时间轴"面板中的"11"文件。在"效果控件"面板中，单击"级别"选项右侧的"添加/移除关键帧"按钮◉，如图9-215所示，记录第1个动画关键帧。

24 将播放指示器移动至00:00:34:13的位置。在"效果控件"面板中，将"级别"选项设置为-999，记录第2个动画关键帧，如图9-216所示。城市形象宣传片制作完成。

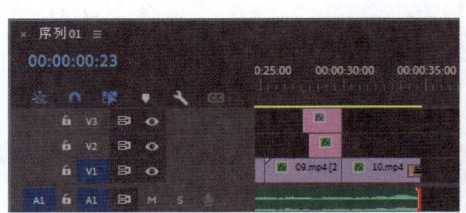

图9-214

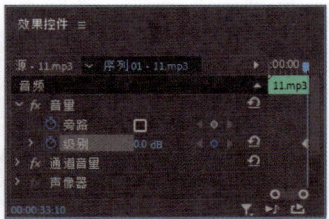
图9-215

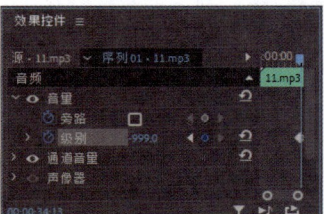
图9-216

项目实践　制作古建筑宣传片

项目背景

某影视企业制作公司是一家专业影视制作机构，自成立以来一直致力于为客户提供从策划创意、拍摄制作到媒体投放的一站式影视服务。本任务要求为该公司制作古建筑宣传片，要求能体现古建筑独特的建筑风貌、浓厚的历史文化底蕴和深厚的人文情感。

项目要求

（1）要以古建筑为主导元素。

（2）排版要合理，能够凸显重点。

（3）画面应具有新时代思维，视频素材需恢宏大气。

（4）标题文字的设计应简洁明了，能够准确概括主题和内容。

（5）设计规格：帧大小为1280×720，时基为25.00帧/秒，像素长宽比为方形像素(1.0)。

项目展示

图片素材所在位置：本书学习资源中的"项目9\制作古建筑宣传片\素材"。

设计作品所在位置：本书学习资源中的"项目9\制作古建筑宣传片\制作古建筑宣传片.prproj"，效果如图9-217所示。

图9-217

项目要点 使用"导入"命令导入素材文件，使用"速度/持续时间"命令调整视频播放速度，使用"ProcAmp"效果和"自动色阶"效果调整画面颜色，使用"交叉溶解"效果、"黑场过渡"效果和"指数淡化"效果为视/音频添加过渡效果，使用"基本图形"面板添加并编辑图形和字幕，使用"效果控件"面板和"旋转扭曲"效果制作字幕扭曲效果。

课后习题　制作传统节日宣传片

习题背景

某传统文化教育网站致力于宣传我国的传统节日、风俗习惯和传统技艺等特色文化，并将其发扬光大。本任务将为该网站制作传统节日宣传片，要求展现节日特色，符合大众审美。

习题要求

（1）要以传统节日为主导元素。

（2）形式要新颖，能引起人们的关注。

（3）画面色彩要对比强烈，体现出喜庆的感觉。

（4）排版要合理，重点要突出。

（5）设计规格：帧大小为1280×720，时基为25.00帧/秒，像素长宽比为方形像素(1.0)。

习题展示

图片素材所在位置：本书学习资源中的"项目9\制作传统节日宣传片\素材"。

设计作品所在位置：本书学习资源中的"项目9\制作传统节日宣传片\制作传统节日宣传片.prproj"，效果如图9-218所示。

图9-218

习题要点 使用"导入"命令导入素材文件，使用剪辑点调整素材文件，使用"速度/持续时间"命令调整视频播放速度，使用"Lumetri颜色"效果调整画面颜色，使用"投影"效果为素材添加投影，使用"效果"面板添加过渡，使用"基本图形"面板添加和编辑字幕。